外行学

神龙工作室 编著

电脑与上网
从入门到精通
老年版

人民邮电出版社
北京

图书在版编目（CIP）数据

外行学电脑与上网从入门到精通：老年版／神龙工
作室编著. -- 北京：人民邮电出版社，2010.4
ISBN 978-7-115-22225-1

Ⅰ.①外… Ⅱ.①神… Ⅲ.①电子计算机－基本知识
②因特网－基本知识 Ⅳ.①TP3

中国版本图书馆CIP数据核字(2010)第015296号

内 容 提 要

本书是指导老年人学习电脑与上网的入门书籍。书中详细地介绍了老年人学习电脑与上网必须掌握的基本知识、使用方法和操作步骤，并对老年人在学习电脑与上网时经常会遇到的问题进行了专家级的指导，以免老年人在起步的过程中走弯路。全书共分 3 篇 18 章，第 1 篇"年老学电脑，益智又健脑"，主要内容包括揭开电脑神秘面纱，初识 Windows XP 操作系统，使用文件和文件夹，打字就这么简单，用电脑休闲娱乐，教你与电子数码打交道，快乐不忘安全防护等电脑基础知识。第 2 篇"上网来冲浪，惬意新生活"，内容包括足不出户尽览天下事，网上搜索和下载，穿越时空的交流，网上觅知音——论坛与博客，网上娱乐乐翻天，网上新生活。第 3 篇"学习 Office 组件，丰富老年生活"，内容包括使用 Word 丰富老年生活，制作图文并茂的 Word 作品，用 Excel 记录生活点滴，利用 Excel 学理财，制作漂亮的幻灯片等内容。

本书附带一张精心开发的专业级 DVD 格式的多媒体教学光盘，它采用全程语音讲解、情景式教学、详细的图文对照和真实的情景演示等方式，紧密结合书中的内容对各个知识点进行深入的讲解，大大地扩充了本书的知识范围。

本书既适合老年初学者阅读，又可以作为老年大学的培训教材，同时对有经验的电脑使用者也有很高的参考价值。

外行学电脑与上网从入门到精通（老年版）

◆ 编　著　神龙工作室
　　责任编辑　李　莎

◆ 人民邮电出版社出版发行　　北京市崇文区夕照寺街 14 号
　　邮编　100061　电子函件　315@ptpress.com.cn
　　网址　http://www.ptpress.com.cn
　　中国铁道出版社印刷厂印刷

◆ 开本：787×1092　1/16
　　印张：22.25
　　字数：567 千字　　　　　　　　2010 年 4 月第 1 版
　　印数：1 - 6 000 册　　　　　　2010 年 4 月北京第 1 次印刷

ISBN 978-7-115-22225-1
定价：39.80 元（附光盘）

读者服务热线：(010)67132692　印装质量热线：(010)67129223
反盗版热线：(010)67171154

电脑是现代信息社会中的重要标记，掌握丰富的电脑知识，正确熟练地操作电脑已成为信息化时代对每个人的要求。为了满足广大读者的需要，我们针对不同学习对象的掌握能力，总结了多位电脑高手、高级设计师及计算机教育专家的经验，精心编写了"外行学从入门到精通"系列图书。

 丛书主要内容

本丛书涉及读者在日常工作和学习中各个常见的电脑应用领域，在介绍软硬件的基础知识及具体操作时，都以大家经常使用的版本为主要的讲述对象，在必要的地方也兼顾了其他的版本，以满足不同领域读者的需求。本丛书主要涵盖以下内容。

《外行学电脑与上网从入门到精通（老年版）》	《外行学电脑与上网从入门到精通》
《外行学Photoshop CS4从入门到精通》	《外行学Photoshop CS4数码照片处理从入门到精通》
《外行学AutoCAD 2010从入门到精通》	《外行学网页制作与网站建设（CS4）从入门到精通》
《外行学Excel 2003从入门到精通》	《外行学PowerPoint 2003从入门到精通》
《外行学Office 2010从入门到精通》	《外行学Word/Excel办公应用从入门到精通》
《外行学Word 2003从入门到精通》	《外行学系统安装与重装从入门到精通》
《外行学Access 2003从入门到精通》	《外行学Office 2003从入门到精通》
《外行学Windows XP从入门到精通》	《外行学Windows 7从入门到精通》
《外行学电脑家庭应用从入门到精通》	《外行学笔记本电脑应用从入门到精通》
《外行学电脑炒股从入门到精通》	《外行学网上开店从入门到精通》
《外行学黑客攻防从入门到精通》	《外行学电脑组装与维护从入门到精通》
《外行学电脑优化、安全设置与病毒防范从入门到精通》	

写作特色

■ **实例为主，易于上手**：全面突破传统的按部就班讲解知识的模式，模拟真实的应用环境，以实例为主，将读者在学习的过程中遇到的各种问题以及解决方法充分地融入实际案例中，以便读者能够轻松上手，解决各种疑难问题。

■ **学练结合，强化巩固**：通过"练兵场"栏目提供精心设计的上机练习，以帮助读者将所学知识灵活应用于工作生活。

■ **提示技巧，贴心周到**：对读者在学习过程中可能会遇到的疑难问题都以提示技巧的形式进行了说明，使读者能够更快、更熟练地运用各种操作技巧。

■ **内容全面，效果精美**：本书信息量大，涵盖了使用电脑的过程中所涉及的绝大部分知识，力求在有限的篇幅内为读者奉献更多的内容，并帮助读者在学习的过程中拓展想象的空间。

■ **一步一图，图文并茂**：在介绍具体操作步骤的过程中，每一个操作步骤均配有对应的插图，以使读者在学习过程中能够直观、清晰地看到操作的过程及其效果，学习更轻松。

■ **书盘结合，互动教学**：配套的多媒体教学光盘内容与书中内容紧密结合并互相补充。在多媒体光盘中，我们仿真模拟工作生活中的真实场景，让读者体验实际应用环境，并借此掌握工作生活所需的知识和技能，掌握处理各种问题的方法，并能在合适的场合使用合适的方法，从而能学以致用。

 ## 光盘特点

■ **超大容量**：本丛书所配的DVD格式光盘的播放时间在7小时以上，涵盖书中绝大部分知识点，并做了一定的扩展延伸，克服了目前市场上现有光盘内容含量少、播放时间短的缺点。

■ **内容丰富**：光盘中主要提供三类内容。第一类是有助于读者提高电脑与上网操作能力的，主要包括所有实例的原始文件和最终效果，500个经典的Windows XP实用技巧，200个经典的学上网技巧，一本包含14类、239个精选网址的电子速查手册，800个Office实用技巧。第二类则是有益于读者提高综合能力的，包括了"轻松排除电脑故障"、"轻松拍出好照片"和"数码照片巧修饰"等多媒体教学视频。第三类则是从帮助老年人了解如何健康、正确地使用电脑以及如何保健、养生的角度出发，提供"老年人养生宝典"。

■ **解说详尽**：在演示电脑与上网经典实例的过程中，对每一个操作步骤都做了详细的解说，使读者能够身临其境，提高学习效率。

■ **实用至上**：以解决问题为出发点，通过光盘中一些经典的电脑和上网演示实例，全面涵盖了读者在学习电脑和上网过程中所遇到的问题及解决方案。

 ## 配套光盘运行方法

Ⅰ 将光盘印有文字的一面朝上放入光驱中，几秒钟后光盘就会自动运行。

Ⅱ 若光盘没有自动运行，可在Windows XP操作系统下双击桌面上的【我的电脑】图标 打开【我的电脑】窗口，然后双击光盘图标 ，或者在光盘图标 上单击鼠标右键，在弹出的快捷菜单中选择【自动播放】菜单项，光盘就会运行。在Windows Vista操作系统下可以双击桌面上的【计算机】图标 打开【计算机】窗口，然后双击光盘图标 ，或者在光盘图标 上单击鼠标右键，在弹出的快捷菜单中选择【安装或运行程序】菜单项即可。在Windows 7操作系统下可以双击桌面上的【计算机】图标 打开【计算机】窗口，然后双击光盘图标 ，或者在光盘图标 上单击鼠标右键，在弹出的快捷菜单中选择【从媒体安装或运行程序】菜单项即可（在Windows 7操作系统下，将光盘放入光驱后，如果弹出【自动播放】对话框，则选择【运行外行学电脑与上网从入门到精通（老年版）.exe】选项，也可以运行该光盘）。

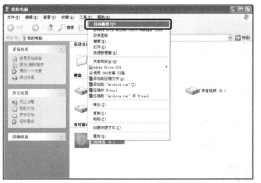

Windows XP 系统

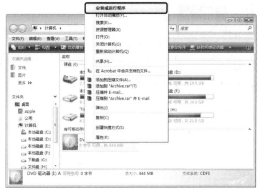

Windows Vista 系统

Windows 7 系统

Windows 7 系统

Ⅲ 由于光盘长期使用会磨损，旧光驱读盘能力可能也比较差，因此最好将光盘内容安装到硬盘上观看，把配套光盘保存好作为备份。在光盘主界面中单击【安装光盘】按钮 ，弹出【选择安装位置】对话框，从中选择合适的安装路径，然后单击 确定 按钮就可以将光盘内容安装到硬盘中。

Ⅳ 以后观看光盘内容时，只要单击【开始】按钮（Windows XP的为 开始 ，Windows Vista的为 ，Windows 7的为 ），然后在弹出的菜单中选择【所有程序】➢【外行学从入门到精通】➢【外行学电脑与上网从入门到精通（老年版）】菜单项就可以了。

Windows XP 系统

Windows Vista 系统

Windows 7 系统

　　如果光盘演示画面不能正常显示，请双击光盘根目录下的tscc.exe文件，然后重新运行光盘即可。

　　如果以后想要卸载本光盘，则可在【开始】菜单中选择【所有程序】➢【从入门到精通】➢【卸载《外行学电脑与上网从入门到精通（老年版）》】菜单项，弹出【您确定要卸载本光盘程序吗？】对话框，然后单击【是，我要卸载】链接，在弹出的【卸载已完成】对话框中单击 确定 按钮即可。

　　本书由神龙工作室策划编著，参与资料收集和整理工作的有尚玉琴、郝风玲、邓淑文、张彩霞、王佳妮、郭树美、曲美儒、杨磊、张英、刘珊珊、张凯等。由于时间仓促，书中难免有疏漏和不妥之处，恳请广大读者不吝批评指正。我们的联系信箱：lisha@ptpress.com.cn。

编者
2010年1月

第1篇　年老学电脑，益智又健脑

第 4 章　打字就这么简单

光盘演示路径：学电脑这么轻松\打字就这么简单

第 5 章　用电脑休闲娱乐

光盘演示路径：学电脑这么轻松\我的电脑我做主

第 6 章　教你与电子数码打交道

光盘演示路径：电子数码与安全防护\教你与电子数码打交道

第 2 篇 上网来冲浪，惬意新生活

第 3 篇　学习 Office 组件，丰富老年生活

第 1 篇
年老学电脑，益智又健脑

本篇介绍有关电脑的基本知识和基本操作。先从认识电脑和Windows 操作系统开始讲解，接着给读者介绍使用文件和文件夹的方法，然后帮助老年人学会电脑打字、电脑休闲娱乐以及电脑与数码连接等操作，最后帮助读者学会防护电脑的安全，使老年人可以放心大胆地使用电脑。

第 1 章　揭开电脑神秘面纱

第 2 章　初识 Windows XP 操作系统

第 3 章　使用文件和文件夹

第 4 章　打字就这么简单

第 5 章　用电脑休闲娱乐

第 6 章　教你与电子数码打交道

第 7 章　快乐不忘安全防护

第1章 揭开电脑神秘面纱

爷爷看到邻居王奶奶整天用电脑上网，很是羡慕，于是也去买了一台。可他对电脑是一窍不通，只好去请教孙女小月，小月告诉他要想熟练地操作电脑，首先需要对电脑的组成、作用，以及开机和关机有大体的了解。下面就让我们来看看小月是怎么讲解的吧！

关于本章知识，本书配套教学光盘中有相关的多媒体教学视频，请读者参看光盘【必须掌握的电脑基础知识\揭开电脑神秘面纱】。

光盘链接

- 认识电脑
- 电脑都能做什么
- 开启电脑
- 键盘大胆用，鼠标我来点

1.1　认识电脑

在使用电脑之前，应该首先认识电脑的外观组成。一般来讲，电脑主要由显示器、主机、键盘和鼠标等部分组成。

1.1.1　显示器

显示器像电视机一样，主要用来显示电脑运行的信息。

显示器可以分为台式显示器和液晶显示器。

▲ 台式显示器

▲ 液晶显示器

1.1.2　主机

主机是电脑的核心组成部分，它由机箱、主板、CPU（中央处理器）、硬盘、光驱、内存条、声卡和显卡等部分组成。

主机的机箱可以保护内部组件免受外力的损坏，避免外界磁场对主机的干扰并减少电脑主机对人体的辐射。

1.1.3　键盘

键盘是计算机主要的输入设备之一，目前常用的有104键键盘和107键键盘。

键盘可以分为5个区域，分别是打字键区、功能键区、编辑键区、小键盘区和指示灯区。键盘的操作比较简单，只要按下指定的键便可实现相应的输入或者控制命令。各功能区及按键的具体功能将在本章的1.4节中做详细介绍。

1.1.4　鼠标

鼠标也是电脑的主要输入设备之一。

按外观样式可以将鼠标分为两键鼠标、三键鼠标和多键鼠标等几种。目前市场上常见的鼠标为三键鼠标，其主要由左键、右键及滚轮等部分组成。

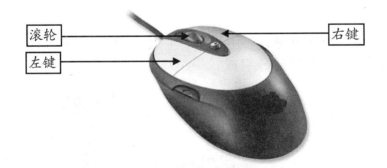

1.2　电脑都能做什么

随着科技的发展，"电脑"这个名词已渐渐地走入人们的生活，它为人们带来了极大的方便，同时也带来了无穷的乐趣。但是老年人能用电脑做什么呢？

1.2.1　文字处理

可以利用电脑方便地编辑和处理文字。

可以利用电脑自带的文字处理软件编辑文字，例如利用记事本（关于启动记事本的方法在 1.4 节中将进行详细的介绍）记录活动信息。此外，还可以利用文字处理软件编辑和处理文字，例如可以使用 Microsoft Word 软件（关于 Microsoft Word 软件的具体应用在本书的第 14 章和第 15 章会进行详细的介绍）编辑游记文章。

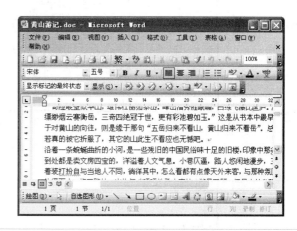

1.2.2　表格处理

还可以利用电脑上表格处理软件制作表格。

最常用的表格处理软件是 Microsoft Excel，可以利用它编辑和处理数据，例如为了方便查找家人和朋友的联系方式，可以制作通讯簿。

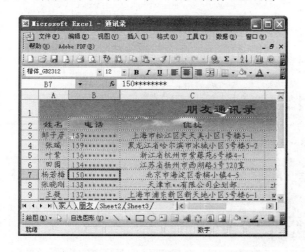

1.2.3　查看照片

可以使用电脑查看数码相机中的照片。

电脑上有一个 Windows 图片和传真查看器的小工具，利用它可以方便地查看照片等图片文件。

1.2.4　浏览新闻

在网上老年人可以方便、快捷地查询到所需的各类信息，浏览到最新的时政要闻，真正实现了足不出户便能知晓天下事。

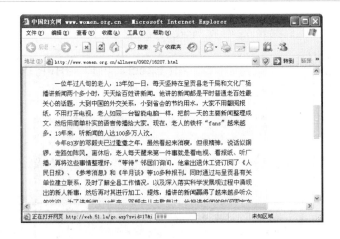

1.2.5　即时通信

如今，通信方式也随着电脑和网络的普及发生了巨大的改变，单纯的电话交流和普通信件的邮递已不能满足人们的通信需求,越来越多的人开始喜欢上电子邮件带给他们的方便, 而更多的人则钟情于即时聊天工具带给他们的快捷。

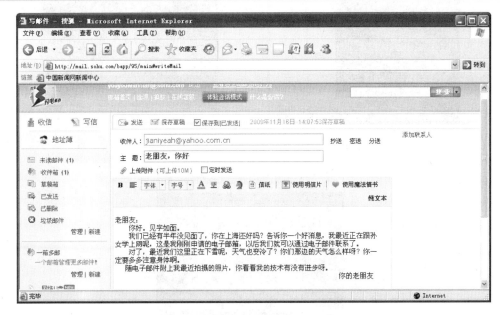

▲ 发送电子邮件

▲ 使用 QQ 聊天

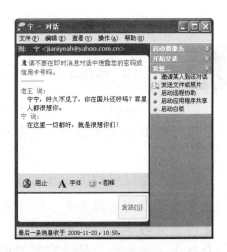

▲ 使用 MSN 聊天

1.2.6 休闲娱乐

还可以利用电脑进行娱乐活动,例如可以听戏曲音乐、看戏曲选段和玩游戏等, 电脑丰富了老年人生活,给老年人带来更多的乐趣。

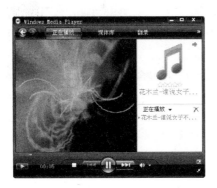

▲ 听戏曲音乐

▲ 看戏曲选段

▲ 玩 Windows 小游戏

1.3 开启电脑

　　正确的开关机操作可以延长电脑的使用寿命，所以老年人应该养成良好的操作习惯。本节主要介绍开启电脑的方法。

　　正确的开启电脑的步骤如下。

① 按下显示器的电源开关，然后再按下主机的电源开关（不同品牌的显示器与主机电源开关的位置会略有不同，如果启动电脑后还需要使用其他的外围设备，也应在按下主机电源前接通它们的电源）。

显示器电源开关

主机电源开关

② 随后显示器的屏幕上将出现一系列系统自检画面，系统自检完毕后会进入系统启动界面，若用户没有设置账户和密码，随即便会进入系统的欢迎界面。

③ 如果用户设置了密码，则会出现 Windows XP 登录界面，单击需要使用的用户名，出现一个【输入密码】文本框，在此输入密码，然后单击右侧的→按钮。

④ 稍等片刻即可进入 Windows XP 操作系统中。

1.4 键盘大胆用，鼠标我来点

鼠标和键盘是最常用的电脑输入设备，是用户与电脑进行交流的主要工具。

1.4.1 正确使用键盘

键盘是计算机的主要输入设备，它在操作电脑的过程中起着非常重要的作用。

键盘可以分为 5 个区域，即功能键区、打字键区、编辑键区、小键盘区和指示灯区。

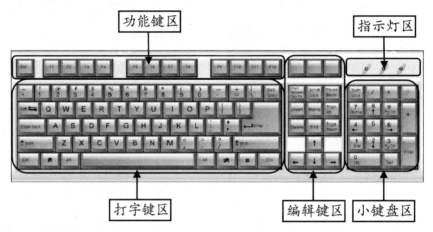

1. 键盘指法

键盘上中间的【A】、【S】、【D】、【F】、【J】、【K】、【L】、【；】这 8 个键称为基本键。

打字的时候两个大拇指放在空格键上，其余 8 个手指放在基本键位上，10个手指要分工明确。

2.　打字姿势

正确的打字姿势有利于身体健康。对于刚开始学习打字的老年人来说，养成良好的打字姿势同样很重要，如果开始时不注意，养成不正确的习惯后不但影响输入的正确性和速度，而且还很容易引起疲劳。

正确的姿势应该是：坐姿要端正，腰间背部要挺直，肩部要放松，双脚自然地平放在地面上，身体可以轻微向前倾。两臂自然下垂，两肘轻轻贴于腋边，前臂与键盘的基本键区成水平线。手指自然弯曲轻触基本键，大拇指轻放于空格键上，手腕平直，不可以拱起手腕，而且手腕不能触到键盘，身体与键盘的距离保持在 20 厘米左右，并且还要调整好座椅的高低。

3.　正确的击键方法

用键盘打字时要注意键盘的击键方法。正确的击键方法应该是：手腕要平直，手臂保持静止，所有的动作仅限于手指部分。

手指指尖后的第一关节微成弧形，使手指成弯曲形状，指关节部分用力，分别轻放在字键的中央。在击键过程中，用指尖垂直发力，动作要轻快利索，同时其他手指不要离开基本键位，击键后手指略微弯曲，迅速回归基本键位。例如，按空格键时，用大拇指横着向下一击并立即回归。需要换行时，用右手小拇指击一次【Enter】（回车）键，击键后右手立即回归基本键位。

1.4.2　正确使用鼠标

鼠标能够使电脑的某些操作更加方便、容易，而且它的某些功能是键盘所不具备的，例如可以利用鼠标在绘图软件中绘制任意图形。

1.　认识鼠标

鼠标一般分为机械式鼠标、光电式鼠标和光学机械式鼠标。

▲ 机械式鼠标（背面）　　　▲ 光电式鼠标　　　　▲ 光电机械式鼠标

　　使用鼠标时的正确握姿应该是：将右手掌根部放在鼠标头部，右手大拇指与小拇指自然地放在鼠标的两侧。食指用于控制鼠标的左键，中指用于控制鼠标滚轮，无名指用于控制鼠标的右键。

2. 鼠标的基本操作

　　鼠标的基本操作包括指向、单击、双击、右击和拖动鼠标等。

● 指向

　　移动鼠标使鼠标指针对准指定位置，方法很简单，直接将鼠标指针移动到要选择的对象上即可。

● 单击

　　单击动作是指将鼠标指针指向目标位置上后，按一下鼠标左键后立即松开。单击操作主要用于选择某个对象。例如将鼠标指针移动到桌面上的【我的电脑】图标 上，然后单击鼠标左键，这时可以看到【我的电脑】图标被选中并呈蓝色显示。

小提示　在实际操作过程中，单击操作可以分为单击左键与单击右键。一般所说的"单击"通常是指单击鼠标左键，除非特别指明是单击右键。

双击

双击动作是指将鼠标指针指向目标位置上，然后快速地连续两次按下鼠标左键，再立即松开，特别注意的是，不能在两次单击鼠标之间移动鼠标的位置。双击操作一般用来打开一个对象。例如双击桌面上的【我的电脑】图标，就会打开【我的电脑】窗口。

拖动

按住鼠标左键或右键，同时拖动鼠标，当鼠标指针移动到指定位置后放开，常用于移动对象。

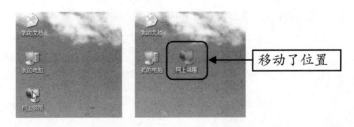

移动了位置

右击

按一下鼠标右键并立即放开，这时通常会弹出一个快捷菜单，根据对象不同菜单也不同，它常用于执行与当前对象相关的操作。

滚动

在浏览网页或者长文档时，滚动鼠标的滚轮，此时网页或者文档将向滚轮滚动的方向显示。

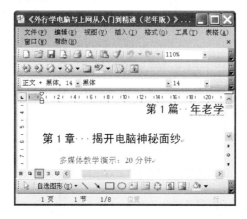 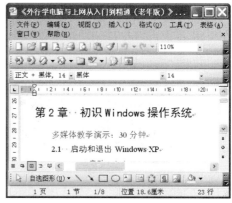

 练兵场 使用鼠标启动系统自带的附件程序"记事本"

使用鼠标启动系统自带的附件程序"记事本"，操作过程可参见配套光盘\练兵场\使用鼠标启动系统自带的附件程序"记事本"。

第2章

初识 Windows XP 操作系统

在小月的指导下，爷爷已经对电脑有了一个基本的了解，接下来小月要陪爷爷一起了解一下 Windows XP 系统，还要教给爷爷一些设置个性化电脑的方法。下面就来看看小月是怎么讲解的吧！

关于本章知识，本书配套教学光盘中有相关的多媒体教学视频，请读者参看光盘【必须掌握的电脑基础知识\初识 Windows XP操作系统】。

光盘链接

- 启动和退出 Windows XP
- 认识 Windows 桌面
- 认识 Windows 窗口
- 为电脑换一个新面孔

2.1 启动和退出Windows XP

目前常用的操作系统有 Windows 98、Windows 2000、Windows XP 以及 Windows Vista 等。本节以最常用的 Windows XP 系统为例介绍启动和退出系统的方法。

2.1.1 启动 Windows XP

在电脑上安装了 Windows XP 操作系统之后，用户打开电脑的同时就会启动该操作系统。关于打开电脑的方法在 1.3 节中已经详细介绍过，在此不再赘述。

2.1.2 退出 Windows XP

用户可以使用多种方法来完成退出 Windows XP 的操作，例如休眠、待机、关机和注销等。

1. 休眠

休眠是指将记录当前运行状态的数据保存到电脑的硬盘中，整机将完全停止供电，退出 Windows XP 操作系统。让电脑进入休眠状态的具体步骤如下。

① 在桌面上单击 开始 按钮，在弹出的【开始】菜单中单击 关闭计算机 按钮。

② 随即打开【关闭计算机】对话框，按住【Shift】键，此时该对话框中的【待机】按钮就会变为【休眠】按钮。

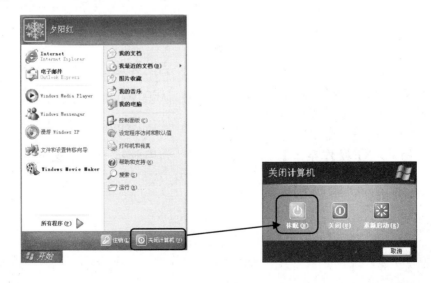

③ 单击【休眠】按钮 ⏻ 即可将计算机转至休眠状态。

进入休眠状态之后必须重新启动电脑才能再次进入 Windows XP 操作系统，并恢复到休眠之前的工作状态。

2. 待机

待机是指系统将当前的工作状态保存到内存中，然后退出系统。进入待机状态后，电脑的显示器和硬盘都被自动关闭，电源消耗降低，但此时并未真正关闭系统，待机只适用于短暂关机。让电脑进入待机状态及唤醒电脑的具体步骤如下。

① 在桌面上单击 开始 按钮，在弹出的【开始】菜单中单击 关闭计算机(U) 按钮，然后在打开的【关闭计算机】对话框中单击【待机】按钮 ⏻。

② 此时电脑即可进入待机状态，显示器将逐渐变暗，主机的声音将逐渐减小。

③ 当需要唤醒电脑时，用户只需要轻轻碰一下鼠标或者按下键盘上的任意键都可以将电脑从待机状态中唤醒。

④ 电脑被唤醒后将重新打开显示器和硬盘，恢复待机前的工作状态，即用户打开的所有窗口和应用程序都和待机前一样，没有发生任何变化。

3. 关机

关闭计算机的方法很简单，只需在桌面上单击 开始 按钮，在弹出的【开始】菜单中单击 关闭计算机(U) 按钮，然后在打开的【关闭计算机】对话框中单击【关闭】按钮 ⏻。此时系统即可停止运行并自动地保存相关设置。退出 Windows XP 操作系统后，主机电源将自动地关闭，接下来用户即可关闭显示器并切断电源。

　　小提示 | 由于 Windows XP 操作系统在运行时将重要的数据存储在内存中，所以在关闭电脑之前必须将这些数据写入硬盘中。只有按照上述的操作步骤操作才能正确、安全地关闭电脑。如果通过直接关闭电源的方法来关闭电脑则有可能造成电脑中某些重要数据的丢失。

4. 注销

　　Windows XP 是支持多用户的操作系统，便于不同的用户快速登录来使用计算机。Windows XP 提供的注销功能，使用户不必重新启动计算机就可以实现多用户登录转换，这样既快捷方便，又减少了对硬件的损耗。注销是指向系统发出清除现在登录的用户的请求，清除后其他用户即可登录当前的系统，因此注销用户也可以退出 Windows XP 操作系统。注销用户的具体步骤如下。

① 在桌面上单击 开始 按钮，然后在弹出的【开始】菜单中单击 注销(L) 按钮。

② 随即打开【注销 Windows】对话框，在此对话框中单击【注销】按钮 即可注销当前登录的用户，返回 Windows XP 登录界面。

③ 接下来用户可以选择其他的用户登录系统或者使用该账户再次登录。

2.2　认识Windows桌面

　　进入 Windows XP 系统操作界面后，屏幕上显示的画面被称为"桌面"，用户使用计算机所完成的各种操作都是在桌面上进行的。

Windows XP 的桌面主要由桌面背景、桌面图标和任务栏 3 大部分组成。其中任务栏又包括【开始】按钮、通知区域和语言栏等几部分。

下面分别介绍 Windows XP 桌面的各个组成部分。

● 桌面背景

桌面背景就是用户进入 Windows XP 操作系统之后所出现的桌面背景颜色或者图片，又称为墙纸或者桌布。用户可以根据个人喜好对系统默认的桌面背景进行更换，具体的设置方法将在 2.4 节中进行详细介绍。

● 桌面图标

桌面图标就是桌面的左侧由图片和文字组成的小标志，一个图标代表一个程序，图片是该程序的标识，文字是该程序的名称或者功能。用鼠标双击某个图标即可运行该图标所代表的程序，例如双击【我的文档】图标即可打开【我的文档】窗口。

● 任务栏

任务栏是位于桌面最下方的一个蓝色长条，用于显示系统正在运行的程序和打开的窗口、当前时间等内容，用户通过任务栏可以完成许多操作，同样也可以对它进行一系列的设置。

● 【开始】按钮

按钮位于桌面的左下角，Windows XP 的使用通常都是从 按钮

19

开始的，单击此按钮即可弹出【开始】菜单，用户可以在该菜单中选择相应的菜单项来完成各项任务。

通知区域

通知区域位于任务栏的右侧，主要通过各种小图标形象地显示电脑软、硬件的重要信息，并且会显示出当前的时间和日期。用户可以在此区域进行显示活动的图标、隐藏不活动的图标以及显示紧急通知的图标等操作。

语言栏

语言栏主要用于显示用户当前所使用的输入法，用户可以在语言栏中添加或者删除输入法，还可以在中、英文以及不同的输入法之间进行切换，以及对选中的输入法进行具体设置等。

2.3 认识Windows窗口

窗口是电脑屏幕中的一个矩形的区域，在 Windows XP 操作系统中，几乎所有的操作都是在窗口中进行的。

2.3.1 窗口的组成

窗口通常都是由标题栏、菜单栏、工具栏、地址栏、窗口工作区、任务窗格和状态栏等几部分组成的。下面以"我的文档"窗口为例，讲述窗口的组成。

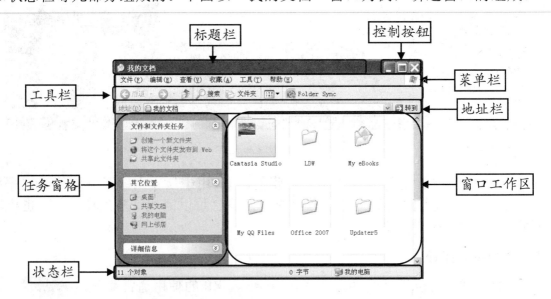

标题栏

标题栏是位于窗口最顶端包含窗口名称的水平栏,主要用于显示当前应用程序的名称或文件名。

控制按钮

在标题栏的最右边有 3 个控制按钮,分别是【最小化】按钮、【向下还原】按钮（【最大化】按钮）和【关闭】按钮。

菜单栏

菜单栏是标题栏下方的水平栏,主要包含【文件】、【编辑】、【查看】、【收藏】、【工具】和【帮助】等菜单项,使用这些菜单项可以完成对窗口工作区中的对象进行的一系列的操作。每个菜单项中又包含很多子菜单,用户可以根据实际需要选择不同的菜单项,完成不同的操作。

工具栏

工具栏位于菜单栏的下方,它以按钮的形式列出了一些常用的命令,单击不同的命令按钮即可实现不同的操作。

地址栏

工具栏的下方就是地址栏,它主要用来显示当前窗口所在的位置。

任务窗格

任务窗格是指 Windows XP 应用程序提供的常用命令的子窗口,它位于窗口的左侧,是 Windows XP 系统的用户界面中的特色之处。

窗口工作区

窗口工作区位于整个窗口的右侧,是窗口中最大的区域,它主要用于显示窗口中的操作对象和操作结果。如果窗口工作区中的内容过多,则会在其右侧出现一个垂直滚动条,拖动该滚动条即可浏览窗口中的全部内容。

状态栏

状态栏位于窗口的最底端,主要用于显示当前窗口的提示信息和窗口中被选中对象的状态信息。

2.3.2 窗口的基本操作

窗口的基本操作主要包括打开窗口、关闭窗口、调整窗口的大小、移动窗口的位置、在窗口之间进行切换以及排列窗口等 6 种操作。

1. 打开窗口

下面以打开【我的文档】窗口为例，介绍一下打开窗口的几种方法。

(1) 在桌面上双击【我的文档】图标。

(2) 在桌面上的【我的文档】图标上单击鼠标右键，从弹出的快捷菜单中选择【打开】菜单项。

(3) 在桌面上单击【开始】按钮，从弹出的【开始】菜单中选择【我的文档】菜单项。

2. 关闭窗口

用户不再使用某个窗口时可以将其关闭，以关闭刚刚打开的【我的文档】窗口为例，介绍一下关闭窗口的几种方法。

(1) 单击【我的文档】窗口右上角的【关闭】按钮。

(2) 单击【我的文档】窗口左上角的控制菜单按钮，或者在标题栏中的任意位置单击鼠标右键，从弹出的快捷菜单中选择【关闭】菜单项。

(3) 在【我的文档】窗口中选择【文件】➤【关闭】菜单项。

（4）双击【我的文档】窗口左上角的控制菜单按钮，或者直接按下【Alt】+【F4】组合键。

3. 调整窗口的大小

以【我的文档】窗口为例，介绍一下调整窗口大小的几种方法。

（1）使用控制按钮。

单击标题栏中的【最小化】按钮可以将窗口以程序按钮的形式缩放到任务栏中，单击【向下还原】按钮可以将窗口缩放至用户自定义的大小，单击【最大化】按钮可以将窗口放大到整个屏幕的大小。

（2）手动调整窗口的大小。

当窗口向下还原至用户自定义的大小时，用户可以手动调整窗口的大小。下面以【我的文档】窗口为例，介绍一下手动调整窗口大小的具体步骤。

① 将鼠标指针移至【我的文档】窗口的上边框，此时鼠标指针变为↕形状，按住鼠标左键上下拖动，拖至合适的位置后释放鼠标即可调整窗口的高度。

② 将鼠标指针移至【我的文档】窗口的右边框，此时鼠标指针变为"↔"形状，按住鼠标左键左右拖动，拖至合适的位置后释放鼠标即可调整窗口的宽度。

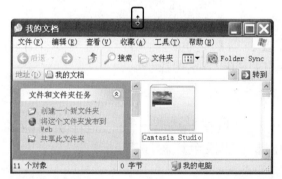

③ 将鼠标指针移至【我的文档】窗口的右下角，此时鼠标指针变为"↘"形状，按住鼠标左键拖动，拖至合适的位置后释放鼠标即可同时调整窗口的高度和宽度。

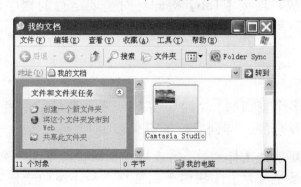

4. 移动窗口的位置

当用户一次性打开多个窗口时，为了避免窗口之间相互重叠，可以对窗口的位置进行移动，以便于查看窗口内容。

例如对【我的文档】窗口的位置进行移动，需要首先将鼠标指针移至【我的文档】窗口的标题栏上，然后按住鼠标左键进行拖动，拖至合适的位置后释放鼠标即可将【我的文档】窗口移动至新的位置。

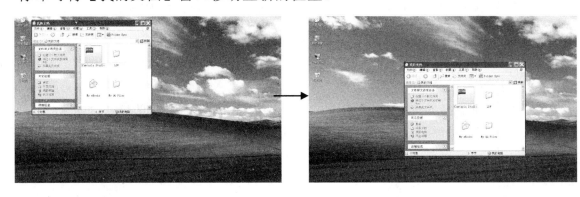

5. 切换窗口

由于对窗口的操作只能在当前活动窗口中进行，而当前活动的窗口只有一个，所以当用户打开多个窗口时，经常需要在窗口之间进行切换，将需要操作的窗口切换为当前活动的窗口，以便于在窗口中进行各种操作。

● **使用程序按钮切换窗口**

用户每运行一个程序都会在任务栏的程序按钮区中显示出该程序所对应的程序按钮，通过单击所要运行的程序按钮即可切换至该程序窗口。

● **使用组合键切换窗口**

使用组合键切换窗口的方法很简单，首先按【Alt】+【Tab】组合键，然后按住【Alt】键不放，再按【Tab】键即可对需要运行的程序进行挑选，当选中需要运行的程序之后释放【Alt】键即可切换至该程序窗口。

6. 排列窗口

当用户打开多个窗口时，为避免窗口过多而造成的杂乱，用户可以对窗口进行排列，使其整齐有序。排列窗口的具体步骤如下。

① 在任务栏空白处单击鼠标右键，然后从弹出的快捷菜单中列出了3种窗口排列方式，分别为【层叠窗口】、【横向平铺窗口】和【纵向平铺窗口】。从中选择一种

窗口排列方式，例如选择【层叠窗口】选项，此时即可将窗口进行层叠排列。

▲层叠窗口

② 选择【横向平铺窗口】选项即可将窗口进行横向平铺排列。

③ 选择【纵向平铺窗口】选项即可将窗口进行纵向平铺排列。

▲ 横向平铺窗口　　　　　　　▲ 纵向平铺窗口

2.4　为电脑换一个新面孔

在 Windows XP 操作系统中，用户可以根据个人喜好对桌面属性进行各种个性化的设置，例如更换桌面背景和设置屏幕保护程序以及个性化鼠标等。

2.4.1　更换桌面背景

用户可以根据自己的实际需要更换桌面背景，可选择电脑自带的背景，也可以将自己喜欢的图片设置为桌面背景。

1.　从系统自带的背景中选择

系统自带了各种漂亮的桌面背景，用户可以根据自己的喜好进行选择，具体的操作步骤如下。

① 在桌面空白处单击鼠标右键，然后从弹出的快捷菜单中选择【属性】菜单项。

② 随即弹出【显示 属性】对话框，在【桌面】选项卡上单击切换到该选项卡。

③ 从【背景】列表框中列出了系统自带的所有背景图片，用户可以从中选择自己喜欢的，例如选择【Azul】（桌面背景图片名称）选项，然后从右侧的【位置】下拉列表中选择桌面背景的位置，例如选择【拉伸】选项，此时在上方的预览窗口中可以看到桌面背景的设置效果。

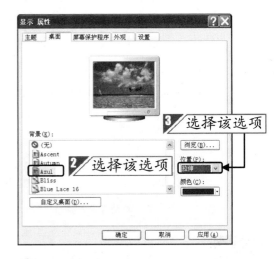

④ 设置完毕依次单击 应用(A) 按钮和 确定 按钮即可。

小提示 在【位置】下拉列表中有 3 个选项，分别为平铺、拉伸和居中，图片平铺是以该图片为单元，一张一张拼接起来平铺在桌面上；图片居中是指在桌面上只显示一幅原始大小的图片，位于桌面的正中间；图片拉伸在桌面上只显示一幅图片，并将它拉伸成与桌面尺寸一样的大小。

▲ 图片平铺设置效果

▲ 图片居中设置效果

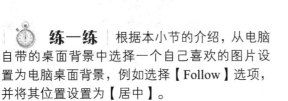

练一练 根据本小节的介绍，从电脑自带的桌面背景中选择一个自己喜欢的图片设置为电脑桌面背景，例如选择【Follow】选项，并将其位置设置为【居中】。

▲桌面背景设置效果

2. 将自己喜欢的图片设置为桌面背景

此外，还可以将自己的图片设置为桌面背景，方法主要有两种，分别是利用【显示 属性】对话框和利用右键快捷菜单。

将自己的图片设置为桌面背景的具体步骤如下。

① 按照前面介绍的方法打开【显示 属性】对话框，切换到【桌面】选项卡，然后单击 浏览(B)... 按钮。

② 随即弹出【浏览】对话框，从中选择要要设置为桌面背景的图片。

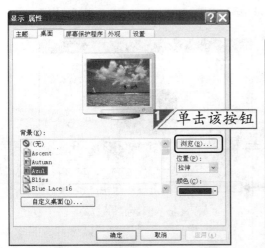

③ 选择完毕单击 打开(O) 按钮，返回【显示 属性】对话框。在【位置】下拉列表

中选择【拉伸】选项。

④ 依次单击 应用(A) 按钮和 确定 按钮即可完成设置。

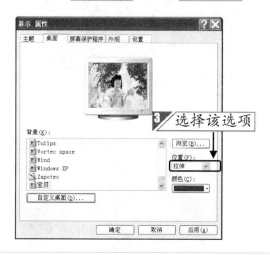

▼ 效果

2.4.2 设置屏幕保护程序

屏幕保护程序主要有两个作用,如果用户由于某种原因在一段时间内不使用电脑,则可以使用屏幕保护程序来防止他人看到自己显示器上显示的内容。此外,屏幕保护程序还对屏幕有一定的保护作用，可以延长其使用寿命。

设置屏幕保护程序的具体步骤如下。

① 在桌面空白处单击鼠标右键，然后从弹出的快捷菜单中选择【属性】菜单项，弹出【显示 属性】对话框，切换到【屏幕保护程序】选项卡，【屏幕保护程序】下拉列表中列出了系统自带的屏幕保护程序,用户可以从中进行选择,例如选择【三维花盒】选项。

② 在【等待】微调框中输入等待时间，然后选中【在恢复时使用密码保护】复选框。

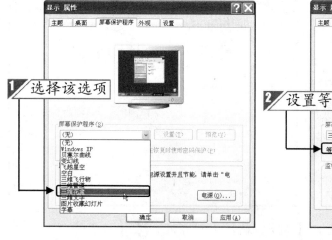

小提示 在这里需要提醒老年朋友的是：如果选中了这个复选框，在退出屏幕保护程序的时候是需要密码的，这主要是为了防止别人趁自己不在的时候随意动自己的电脑。如果别人不知道密码，就无法退出屏幕保护程序。就是老年朋友自己如果不能输入正确的密码也不能退出屏幕保护程序，因此一定要记住自己设置的密码。

③ 设置完毕单击 预览(V) 按钮可以预览到屏幕保护程序的设置效果。

④ 移动鼠标返回【显示 属性】对话框，依次单击 应用(A) 按钮和 确定 按钮即可完成设置。

2.4.3　让鼠标变慢一点

鼠标是电脑操作过程中最经常使用的一个输入工具，为了使其更符合自己的使用习惯，用户可以对其进行个性化设置，例如更改鼠标双击的速度。

设置个性化鼠标的具体步骤如下。

① 单击 开始 按钮，然后从弹出的【开始】菜单中选择【控制面板】菜单项，打开【控制面板】窗口，切换到经典视图中。

② 双击【控制面板】窗口中的【鼠标】图标，弹出【鼠标 属性】对话框，切换到【鼠标键】选项卡，通过向左拖动滑块调整鼠标双击的速度。

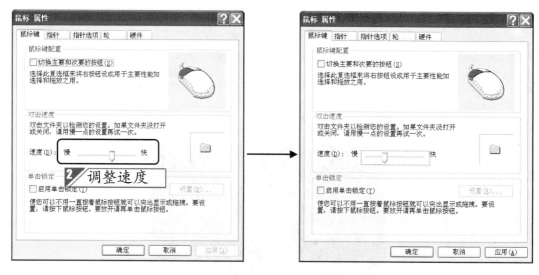

▲鼠标双击速度调整前　　　　　▲鼠标双击速度调整后

③ 设置完毕依次单击 应用(A) 按钮和 确定 按钮即可。

 练兵场 让桌面的图标和文字变大

　　利用【显示 属性】对话框将桌面的图标和文字变成特大字体。操作过程可参见配套光盘\练兵场\让桌面图标和文字变大。

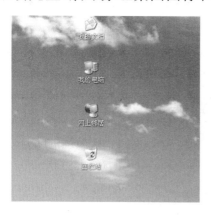 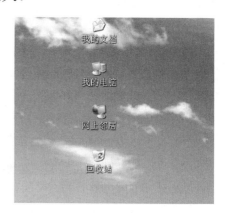

第3章 使用文件和文件夹

小月发现爷爷电脑中存放的东西很混乱，这样查找需要的资料很麻烦。于是决定教爷爷使用文件和文件夹的相关知识和操作。下面就让我们来看看小月是怎么讲解的吧！

关于本章知识，本书配套教学光盘中有相关的多媒体教学视频，请读者参看光盘【学电脑这么轻松\使用文件和文件夹】。

光盘链接

- 认识文件和文件夹
- 文件和文件夹的基本操作
- 显示与隐藏文件和文件夹

3.1　认识文件和文件夹

电脑中所有的数据都是以文件的形式存储的,而文件通常按照不同的类型存放在不同的文件夹中。

1.　文件

文件是电脑中各种数据信息的载体，像文档、表格、图片、声音及程序等存储到电脑中都是一个文件。每个文件都由文件名称、扩展名及文件图标组成。文件的名称与其扩展名之间要使用"."分隔符隔开。

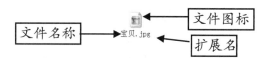

2.　文件夹

文件夹是用于存放文件的，一个父文件夹中还可以包含多个子文件夹。用户可以使用文件夹分门别类地存放和管理电脑中的文件，如资料、图片、歌曲及电影等文件都可以分别存放在不同的文件夹中。

父文件夹就好比一个大的储藏柜，它里面可以有多个储藏格，用户可以在这些储藏格里放置不同类别的物品，而文件就相当于我们放在储藏格里的物品。

每个文件夹都由文件夹名称和文件夹图标组成。

3.2　文件和文件夹的基本操作

文件和文件夹的基本操作主要包括文件和文件夹的创建、选择、重命名、复制与移动、删除以及搜索。

3.2.1　创建文件和文件夹

文件和文件夹的创建是最基本的操作，创建文件和文件夹的方法很简单。

1.　创建文件

例如要在 D 盘中的【宝贝照片】文件夹中新建一个记事本文件，具体的操作步骤如下。

① 打开要创建记事本文件的文件夹窗口，然后单击鼠标右键，从弹出的快捷菜单中选择【新建】➢【文本文档】菜单项。

② 此时即可创建一个名为"新建文本 文档"的记事本文件。

2. 创建文件夹

例如要在 D 盘【宝贝照片】文件夹中创建一个新的文件夹，具体的操作步骤如下。

① 打开要创建文件夹的文件夹窗口，然后单击鼠标右键，从弹出的快捷菜单中选择【新建】➢【文件夹】菜单项。

② 此时即可创建一个名为"新建文件夹"的文件夹。

3.2.2　选择文件和文件夹

用户要想对文件和文件夹进行操作，首先需要将其选中。

● 选择单个文件或文件夹

选择单个文件或文件夹的方法很简单，直接将鼠标指针移动到要选择的文件或文件夹上，然后单击即可。

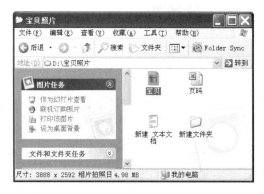

▲选择单个文件

● 选择不连续的多个文件或文件夹

选中第一个要选择的文件和文件夹，然后按住【Ctrl】键，用鼠标依次单击要选择的文件/文件夹即可。

● 选择连续的多个文件或文件夹

选中第一个要选择的文件/文件夹，然后按下【Shift】键，用鼠标单击要选择的另一个文件/文件夹，这两个文件/文件夹之间的都被选中。

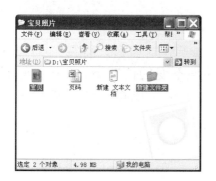

▲选择不连续的多个文件和文件夹

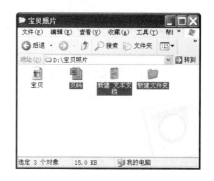

▲选择连续的多个文件和文件夹

● **选择全部文件或文件夹**

选择【编辑】➤【全部选定】菜单项即可选中文件夹中所有的文件和文件夹。

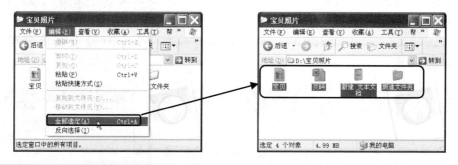

3.2.3　重命名文件和文件夹

重命名文件和文件夹的方法很类似,选中要进行重命名的文件"新建文本 文档",然后选择【文件】➤【重命名】菜单项,此时文件名呈反白显示,在其中输入新的名称"活动通知",然后按下【Enter】键即可。

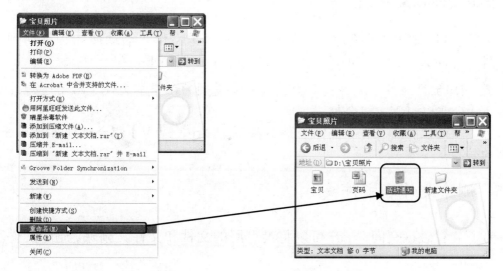

3.2.4　复制与移动文件和文件夹

　　复制文件和文件夹是指在保留原文件和文件夹不变的情况下，使电脑再生成一个与其完全相同的文件或文件夹。移动文件或文件夹可以将文件或文件夹从某个位置移动到另一个位置。

1.　复制文件和文件夹

　　文件和文件夹的复制操作方法是完全一样的，这里以将"D:\宝贝照片"文件夹中的图片文件"宝贝"复制到"我的文档"文件夹中为例进行介绍，具体的操作步骤如下。

① 打开"D:\宝贝照片"文件夹窗口，选中要复制的图片文件"宝贝"，然后选择【编辑】▶【复制】菜单项。

② 打开"我的文档"文件夹窗口，然后选择【编辑】▶【粘贴】菜单项即可将其复制到新的位置。

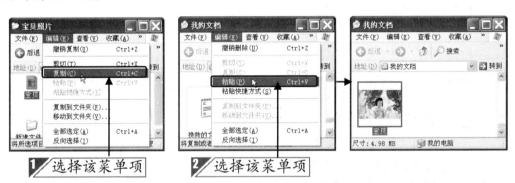

2.　移动文件和文件夹

　　这里以将"D:\宝贝照片"文件夹中的记事本文件"活动通知"移动到"我的文档"文件夹中为例进行介绍，具体的操作步骤如下。

① 打开"D:\宝贝照片"文件夹窗口，选中要复制的记事本文件"活动通知"，然后按下【Ctrl】+【X】组合键。

② 打开"我的文档"文件夹窗口，然后按下【Ctrl】+【V】组合键即可将其移动到新的位置。

3.2.5　删除文件和文件夹

　　为了节省磁盘空间，用户可以将没有用的文件和文件夹删除。删除文件和文件夹可以分为移入"回收站"和彻底删除两种情况。

将文件或文件夹移入"回收站"

将文件或文件夹移入"回收站"的操作很类似，例如要将"我的文档"文件夹中的图片文件"宝贝"移动到"回收站"中，具体的操作步骤如下。

① 打开"我的文档"文件夹窗口，选中要删除的文件"宝贝"，单击鼠标右键，从弹出的快捷菜单中选择【删除】菜单项，然后在弹出的【确认文件删除】对话框中单击 是(Y) 按钮。

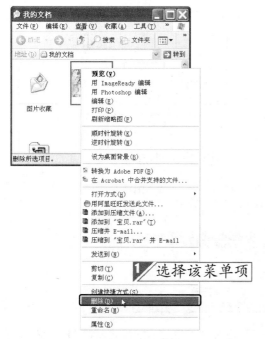

② 此时选中的文件就被移入到回收站中了，用户可以双击桌面上的【回收站】图标打开【回收站】窗口查看被移入的文件。

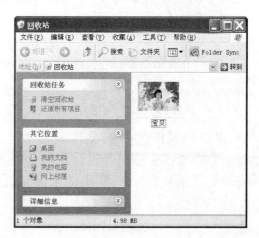

③ 若用户误删了有用的文件，可以在【回收站】窗口中选中该文件，然后单击窗口左侧【回收站任务】任务窗格中的【还原此项目】链接，即可将选中的文件还原到删除前的位置。

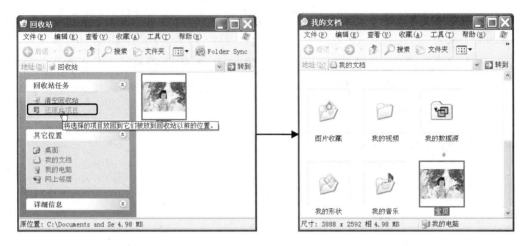

彻底删除文件或文件夹

若用户想要彻底删除某个文件，可以采用以下 3 种方法。

（1）选中要彻底删除的文件或文件夹，然后按下【Shift】＋【Delete】组合键，在弹出的【确认文件删除】对话框中单击 是(Y) 按钮即可。

（2）将要删除的文件或文件夹移入"回收站"后，在桌面上的【回收站】图标 上单击鼠标右键，然后在弹出的快捷菜单中选择【清空回收站】菜单项，再在弹出的【确认文件删除】对话框中单击 是(Y) 按钮即可。

（3）将要删除的文件或文件夹移入"回收站"后，双击桌面上的【回收站】图标打开【回收站】窗口，接着在窗口左侧的【回收站任务】任务窗格中单击【清空回收站】链接，然后在弹出的【确认文件删除】对话框中单击 是(Y) 按钮即可。

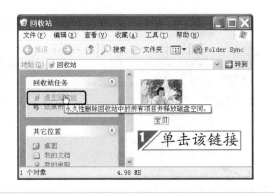

3.2.6　搜索文件和文件夹

如果用户忘记了某个文件或者文件夹具体的存放位置，可以通过 Windows XP 系统提供的"搜索"功能将其搜索出来。

下面以搜索"宝贝照片"文件夹为例介绍搜索文件或文件夹的方法，具体的操作步骤如下。

① 单击 开始 按钮，在弹出的【开始】菜单中选择【搜索】菜单项，随即会打开【搜索结果】窗口。在窗口左侧的【您要查找什么？】任务窗格中单击【所有文件或文件夹】链接。

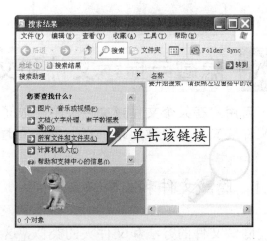

② 随即展开【按下面任何或所有标准进行搜索】任务窗格，在【全部或部分文件名】文本框中输入要搜索的文件或文件夹关键字，这里输入"宝贝照片"。用户还可以在【在这里寻找】下拉列表中选择搜索位置，单击 搜索(R) 按钮系统即可开始查找。

③ 搜索完毕在【搜索结果】窗口的右窗格中会显示出系统搜索到的结果。

④ 双击需要的文件夹即可将其打开。

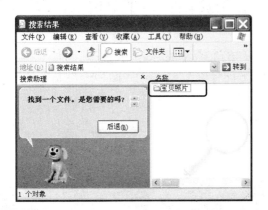

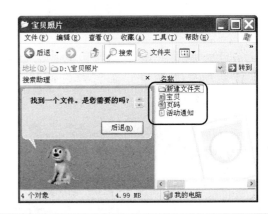

3.3　隐藏与显示文件和文件夹

　　若用户在某个文件或文件夹中存放了不想让他人看到的重要内容，就可以将该文件或文件夹隐藏起来。当需要查看时，再将其显示出来。

3.3.1　隐藏文件和文件夹

　　隐藏文件的方法和文件夹的类似，这里以隐藏文件夹"宝贝照片"为例进行介绍。

　　隐藏文件夹"宝贝照片"的具体步骤如下。

① 选中要隐藏的文件夹"宝贝照片"，然后单击鼠标右键，从弹出的快捷菜单中选择【属性】菜单项，弹出【宝贝照片 属性】对话框。切换到【常规】选项卡，选中【隐藏】复选框。

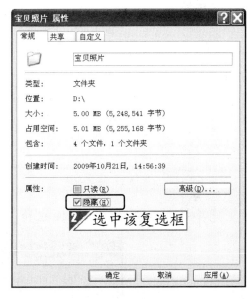

② 单击 应用(A) 按钮，弹出【确认属性更改】对话框，选中【将更改应用于该文件夹、子文件夹和文件】单选钮，单击 确定 按钮，返回【宝贝照片 属性】对话框，然后单击 确定 按钮即可，此时该文件夹的颜色变浅。

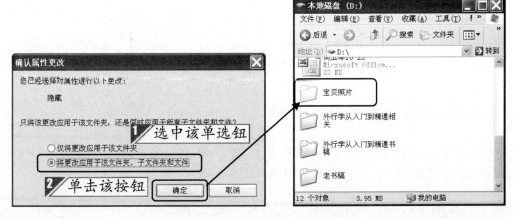

③ 选择【工具】➤【文件夹选项】菜单项，弹出【文件夹选项】对话框。切换到【查看】选项卡，选中【不显示隐藏的文件和文件夹】单选钮。

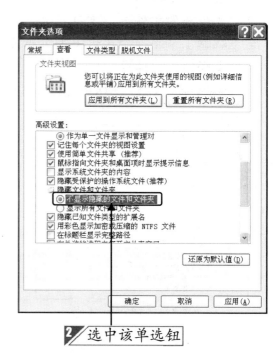

| **1** 选择该菜单项 | **2** 选中该单选钮 |

④ 设置完毕依次单击 [应用(A)] 按钮和 [确定] 按钮即可。

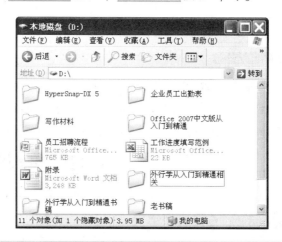

3.3.2　显示隐藏的文件和文件夹

　　显示隐藏的文件和文件夹的操作与隐藏文件和文件夹的正好相反，这里以显示刚刚隐藏的文件夹"宝贝照片"为例进行介绍。

　　显示隐藏的文件夹"宝贝照片"的具体步骤如下。

① 选择【工具】➤【文件夹选项】菜单项，弹出【文件夹选项】对话框。切换到【查看】选项卡，选中【显示所有的文件和文件夹】单选钮。

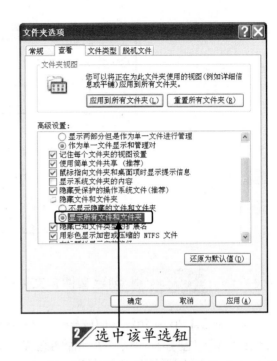

1 选择该菜单项　　2 选中该单选钮

2 设置完毕依次单击 应用(A) 按钮和 确定 按钮，按照前面介绍的方法打开【宝贝照片 属性】对话框，切换到【常规】选项卡，撤选【隐藏】复选框。

3 单击 应用(A) 按钮，弹出【确认属性更改】对话框，选中【将更改应用于该文件夹、子文件夹和文件】单选钮。

1 撤选该复选框

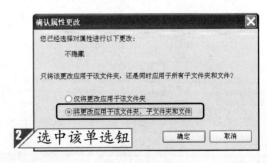

2 选中该单选钮

4 单击 确定 按钮，返回【宝贝照片 属性】对话框，直接单击 确定 按钮即可将隐藏的文件夹显示出来。

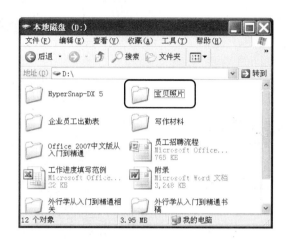

 练兵场 创建文件和文件夹

　　按照 3.2.1 小节介绍的方法，在 D 盘中创建一个名为"资料"的文件夹，并在该文件夹中创建一个名为"活动通知"的记事本文档。操作过程可参见配套光盘\练兵场\创建文件和文件夹"。

第4章

打字就这么简单

爷爷看到小月正在噼里啪啦地与朋友聊天，很是羡慕。他可还不怎么会打字呢，小月告诉爷爷，其实要想学会打字并不难，只需要掌握一些相关的知识和输入法就可以了。下面就让我们来看看小月是怎么讲解的吧！

关于本章知识，本书配套教学光盘中有相关的多媒体教学视频，请读者参看光盘【学电脑这么轻松\打字就这么简单】。

光盘链接

⚑ 从输入法开始

⚑ 常用的输入法

4.1 从输入法开始

在使用输入文字之前，用户还需要了解一些输入法的相关知识。本节主要介绍有关输入法的基本知识。

4.1.1 认识语言栏和状态条

桌面上的语言栏是可以根据需要随意移动的，通常情况下是将其放置在任务栏【通知区域】的左侧。这里以电脑自带的微软拼音输入法为例进行介绍。

1. 语言栏

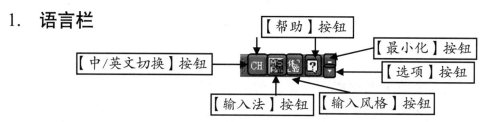

● **【中/英文切换】按钮**[CH]

【中/英文切换】按钮[CH]是用来切换中/英文输入法的，单击该按钮弹出【中/英文切换】下拉菜单。如果选择【中文（中国）】选项，则表示目前是中文输入法，如果选择【英语（美国）】选项，则该按钮会变成[EN]，表示目前是英文输入法。

● **【输入法】按钮**

【输入法】按钮是用来在各种输入法之间进行切换的，单击该按钮会弹出【输入法】下拉菜单，从中选择需要的输入法即可。

● **【输入风格】按钮**

【输入风格】按钮是用来设置输入汉字时的输入法风格的，单击该按钮会弹出【输入风格】下拉菜单，从中选择一种输入风格即可。

● **【帮助】按钮**📄

　　单击该按钮,从弹出的下拉菜单中选择【语言栏帮助】菜单项,即可打开【语言栏】窗口。

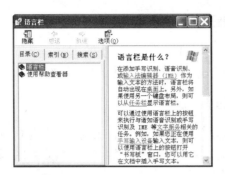

● **【最小化】按钮**➖

　　单击该按钮,可以将【语言栏】放置在任务栏的通知区域,此时可以看到该按钮变成【还原】按钮🔲,再次单击【还原】按钮🔲,则【语言栏】又可以随处移动。

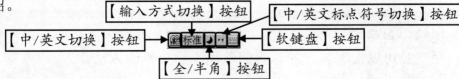

● **【选项】按钮**🔽

　　单击该按钮即可弹出下拉菜单,然后选择合适的选项即可。

2.　状态条

　　状态条是随着中文输入法出现的,通过它可以切换中/英文输入、切换全/半角输入等。不同的输入法的状态条也不同,但大体上都会包括全/半角切换图标、中/英文标点符号切换图标,以及软键盘开关图标等。这里以智能 ABC 输入法为例进行介绍。

● **【中/英文切换】按钮**

该按钮可以在中文和英文输入法之间进行切换，当单击该按钮会变为 **A** 图标，表示当前处于英文输入状态。

● **【输入方式切换】按钮标准**

该按钮可以转换【智能 ABC 输入法】的输入方式。单击**标准**按钮会变成**双打**图标，表示当前是【智能 ABC 输入法】的双打输入方式。

● **【全/半角切换】按钮**

该按钮的作用是使输入法在全/半角状态之间进行切换。单击该按钮会变成 ● 图标，表示输入的字母、字符和数字都占一个汉字的位置；当图标显示为 时，表示输入的字母、字符和数字都占半个汉字的位置。

● **【中/英文标点符号切换】按钮**

该按钮可以在中文标点符号与英文标点符号之间进行切换。当图标显示为 时，表示当前处于中文标点符号输入状态；当图标显示为 时，表示当前处于英文标点符号输入状态。

● **【软键盘开关】按钮**

单击该按钮可以开启小键盘，它与普通键盘的布局非常相似。

该软键盘主要用来输入特殊符号，例如标点符号、拼音、数学符号等。

开启软键盘的方法很简单，将鼠标指针移动到【软键盘开关】按钮上，单击鼠标右键，即可弹出软键盘选择菜单，然后选择其中的一个选项就会出现相对应的软键盘。如果想要关闭软键盘，只要再次单击软键盘即可。

✔ ＰＣ键盘	标点符号
希腊字母	数字序号
俄文字母	数学符号
注音符号	单位符号
拼　音	制表符
日文平假名	特殊符号
日文片假名	

4.1.2　删除与添加输入法

电脑中自带了一些输入法，随着系统的安装都会自动地显示在输入法列表中，用户也可以根据自己的喜好删除和添加一些输入法。

1.　删除不需要的输入法

① 在【语言栏】上单击鼠标右键，然后从弹出的快捷菜单中选择【设置】菜单项。

② 随即弹出【文字服务和输入语言】对话框，切换到【设置】选项卡。

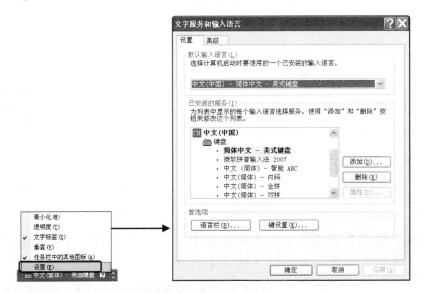

③ 在【已安装的服务】列表框中选择【中文（简体）-内码】选项，然后单击 删除(R) 按钮。

④ 此时列表框中的【中文（简体）-内码】输入法已经不存在了。

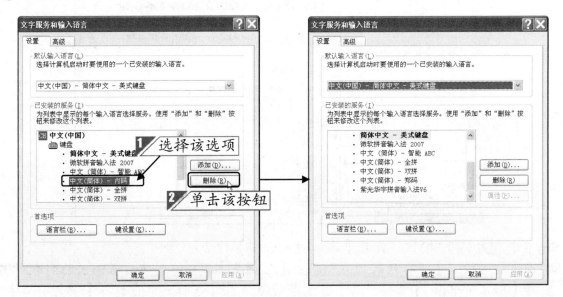

⑤ 单击 确定 按钮关闭该对话框，然后再单击【语言栏】中的【输入法】按钮，即可看到【中文（简体）-内码】从下拉列表中删除了。

2. 添加输入法

对于电脑中不存在的输入法，可以将其添加到输入法中。添加输入法的方法有两种：一种是添加系统自带的输入法，另一种是添加非系统自带的输入法，例如升级数码笔画输入法等。

● 添加系统自带的输入法

这里以添加刚刚删除的【中文（简体）-内码】输入法为例进行介绍，具体的操作步骤如下。

① 在任务栏右侧的【语言栏】上单击鼠标右键，从弹出的快捷菜单中选择【设置】菜单项，弹出【文字服务和输入语言】对话框。

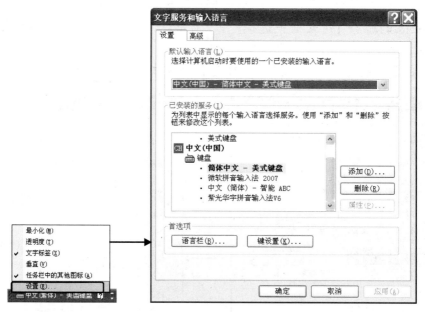

② 单击 添加(D)... 按钮，打开【添加输入语言】对话框。

③ 在【输入语言】下拉列表的右侧单击【下箭头】按钮⯆，然后从弹出的列表中选择【中文（中国）】选项，在【键盘布局/输入法】下拉列表中选择【中文（简体）-内码】选项。

④ 选择完毕单击 确定 按钮，系统会自动返回到【文字服务和输入语言】对话框中，此时在【已安装的服务】列表框中即可发现该输入法已经被添加上去了。

⑤ 单击 确定 按钮，此时【中文（简体）-内码】输入法就添加到了【输入法】列表中。

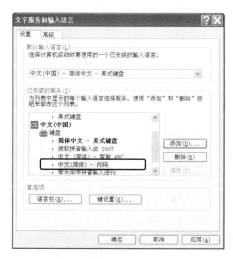

添加非系统自带的输入法

例如添加升级数码笔画输入法，具体的操作步骤如下。

① 打开升级数码笔画输入法安装程序（关于该输入法的安装程序，用户可以到相关网站上进行下载）所在的文件夹窗口，双击其安装程序图标，弹出【欢迎使用升级数码笔画输入法】对话框。单击下一步(N)按钮，弹出【许可协议】对话框，选中【我同意该许可协议的条款】单选钮。

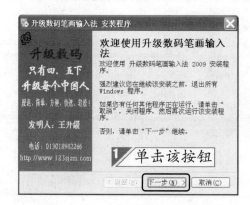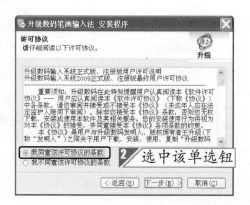

② 单击 下一步(N) > 按钮，弹出【用户信息】对话框，从中输入用户相关信息。

③ 单击 下一步(N) > 按钮，弹出【安装文件夹】对话框。

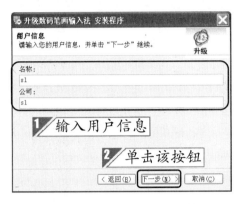
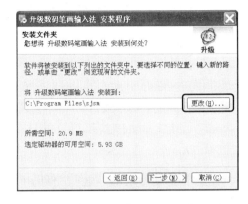

④ 单击 更改(H)... 按钮，弹出【浏览文件夹】对话框，从中设置升级数码笔画输入法的安装位置。

⑤ 设置完毕单击 确定 按钮，返回【安装文件夹】对话框，可以看到其安装位置已经更改。

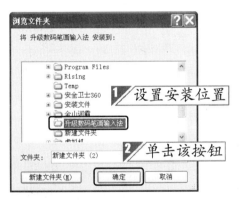
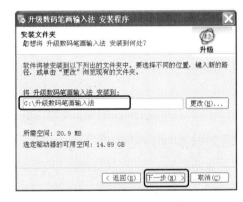

⑥ 单击 下一步(N) > 按钮，弹出【准备安装】对话框，单击 下一步(N) > 按钮，弹出【升级数码 2009 版】对话框。

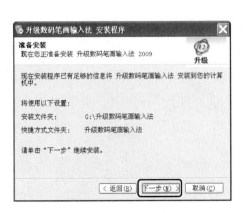
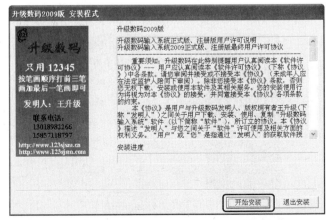

⑦ 单击 开始安装 按钮即可开始安装该输入法，稍等片刻即可安装完毕，弹出【升级数码 2009 版 安装成功】对话框，单击 确定 按钮即可。

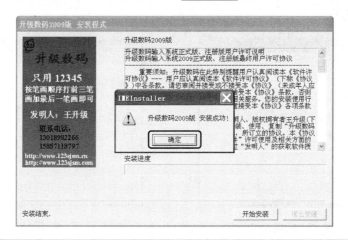

4.1.3 切换输入法

在输入文本的过程中，用户经常需要在各种输入法之间进行切换。

输入法的切换方法有两种。一是单击【语言栏】中当前输入法的图标，在弹出的菜单中选择要切换的输入法；二是使用【Ctrl】+【Shift】组合键。

4.2 常用的输入法

本节主要介绍智能 ABC 输入法、微软拼音输入法中的手写识别以及升级数码笔画输入法 2009。

4.2.1 智能 ABC 输入法

智能 ABC 输入法是系统自带的一种拼音输入法，它简单易学、快速灵活，受到用户的青睐。

使用智能 ABC 输入法输入文字的方法很简单，这里以在记事本中输入诗词为例进行介绍，具体的操作步骤如下。

① 选择【开始】➤【所有程序】➤【附件】➤【记事本】菜单项，弹出【记事本】工作窗口。

② 按照前面介绍的方法切换到智能 ABC 输入法模式。依次输入"梅"字的汉语拼音字母"m"、"e"、"i"，然后按下空格键，此时在下方的组字窗口中显示出了各种可能的汉字。

③ 在组字窗口中选择正确的汉字，有时候还需要通过按下【PageDown】键进行翻页查找，这里通过翻页操作查找汉字"梅"。

④ 按下组字窗口中"梅"前面的数字键【3】即可将其输入到记事本中，按照同样的方法输入汉字"花"。

⑤ 按下【Enter】键，依次输入"墙角"的汉语拼音字母"q"、"i"、"a"、"n"、"g"、"j"、"i"、"a"和"o"。按下空格键，此时在下方的组字窗口中显示出了各种可能的词组。按下数字键【1】即可将其输入到记事本中。

⑥ 按照同样的方法输入"一枝梅"，然后按下键盘上的【，】键，输入标点符号"，"。按照同样的方法输入其他的诗句。

4.2.2　微软拼音输入法中的手写识别

在使用拼音输入法输入汉字时，当遇到一个生僻字，只知道这个字的字形却不知道字音时，这时就可以使用微软拼音输入法中的"输入板"来完成。但是并不是所有的微软拼音输入法都带有手写识别功能，这与用户电脑中安装的输入法版本有关，本小节以微软拼音输入法 2003 为例进行介绍。

● **手写识别**

这里以在记事本文档中输入"少壮不努力，老大徒伤悲。"为例，介绍手写识别的使用方法。具体的操作步骤如下。

① 在微软拼音输入法的【语言栏】中单击【选项】按钮 ，从弹出的下拉菜单中选择【输入板】菜单项。

② 此时即可看到输入法的【语言栏】中出现了【开启/关闭输入板】按钮 ，然后单击该按钮即可打开【输入板-手写识别】对话框。

③ 打开输入板，单击【手写识别】按钮 ，然后在【写字窗口】中按住鼠标左键并拖出该字的轨迹，释放鼠标左键，完成第一笔输入，例如输入"少"字。特别注意的是，在写汉字的时候，鼠标不必太用力，只要轻微地按住鼠标左键即可。

④ 单击 识别 按钮，在右侧的【候选字窗口】中列出与该字体相近的汉字。

⑤ 单击第一个汉字即可在文档中显示出"少"字。

⑥ 按照相同的方法将剩余的字词写出来，当输入"，"号时，直接在【写字窗口】中画一个撇，再单击 识别 按钮，则立即在【候选字窗口】中出现"，"号。

⑦ 单击【候选字窗口】中的第一个字符，即可将逗号输入到文档中。

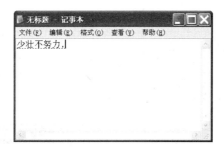

● 字典查询

字典查询方法很简单，首先找出字的偏旁部首，然后再数出剩余的笔画，就这样一步步进行查找，最后找到该字后再进行单击确认输入即可。这里使用字典查询法输入汉字"徒"为例进行介绍，具体的操作步骤如下。

① 单击【字典查询】按钮，切换到【部首检字】选项卡，由于"徒"字的偏旁部首是"彳"，笔画是 3 画，所以在【部首笔画】下拉列表中选择【3 画】选项，然后在下面的列表框中找到偏旁部首"彳"。

② 将剩余的"走"字笔画数出来，共 7 画，然后在【剩余笔画】下拉列表中选择【7 画】选项。

③ 此时在列表框中就会出现该字，将鼠标指针移动到该字上，就会出现该字的拼音，然后单击该字就会将其插入到文档中。

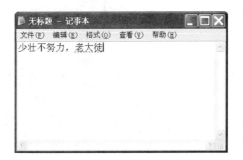

使用手写板输入特殊符号

使用手写板同样也可以输入"§"、"◆"、"※"等特殊符号，单击【字典查询】按钮，切换到【符号】选项卡，然后在【符号】下拉列表中选择【特殊符号】选项。此时在列表框中单击需要的符号即可。

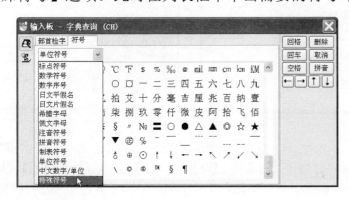

4.2.3　升级数码笔画输入法 2009

除了拼音输入法和手写输入法之外，还有一种笔画输入法用的也比较多，本小节以升级数码笔画输入法 2009 为例进行介绍。

1.　汉字笔画

升级数码输入法 2009 是利用电脑键盘右侧的数字小键盘输入汉字的。汉字的 5 种笔画分别对应小键盘上的数字键【1】、【2】、【3】、【4】和【5】。

名称	横(提)	竖	撇	捺(点)	折 除了横(提)、竖、撇、捺(点)其它都属于"折"
笔画	一 (✓)	｜	ノ	＼ (`)	フ ∠ 亅 勹 フ ㄴ ㄴ く ㄴ 乃……
键盘 编码	1	2	3	4	5

2.　输入汉字

● 输入单字

单个汉字的输入原则是按书写顺序取前 3 个笔画加末笔画，单字取码简称前 3 尾 1。例如要输入汉字"老"，前 3 个笔画分别为"横"、"竖"和"横"，末笔画是"折"，依次按下小键盘上的【1】、【2】、【1】和【5】，此时在组字窗口中可以看到"老"字。按下【空格】键，然后按下小键盘上的数字键【1】即可将其输入到记事本中。

● 输入双字词

两字词最多打五下：首字前 3 笔画，加次字前两笔画，简称"3+2"。例如输入双字词"老人"，只需要依次按下【1】、【2】、【1】、【3】和【4】键即可，此时在组字窗口中可以看到双字词"老人"。按下【空格】键，然后按下小键盘上的数字键【1】即可将其输入到记事本中。

输入三字词

三字词最多打六下：每个字的前两笔画，简称"2+2+2"。例如输入三字词"老年人"，只需要依次按下【1】、【2】、【3】、【1】、【3】和【4】键，此时在组字窗口中可以看到三字词"老年人"。按下【空格】键，然后按下小键盘上的数字键【1】即可将其输入到记事本中。

输入四字词

四字词最多打 6 下：前两个字的前两笔画，其次每个字的首笔画。简称：2+2+1+1。例如输入"天伦之乐"，只需要依次按下【1】、【1】、【3】、【2】、【4】和【3】键即可。此时在组字窗口中可以看到四字词"天伦之乐"。按下【空格】键，然后按下小键盘上的数字键【1】即可将其输入到记事本中。

● **输入多字词**

多字词以上最多打 6 下：首字前两笔画，其次每个字的首笔画。简称 2+1+1+1+1。例如输入"在平凡的岗位上干出了不平凡的事"，只需要依次按下 【1】、【3】、【1】、【3】、【3】和【2】键即可。

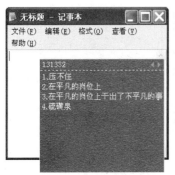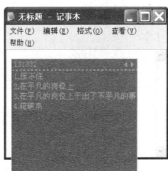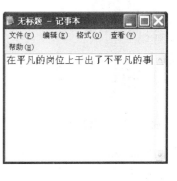

 练兵场 在写字板中输入苏轼的《水调歌头 明月几时有》

利用智能 ABC 输入法在写字板中输入苏轼的《水调歌头 明月几时有》，操作过程可参见配套光盘\练兵场\在写字板中输入苏轼的《水调歌头 明月几时有》。

第5章　用电脑休闲娱乐

爷爷到王奶奶家去玩，看到她正在用电脑看电影，很羡慕，于是回来问孙女小月。在日常生活中，不仅可以使用电脑打字，还可以利用电脑进行一些娱乐休闲活动。例如听戏曲歌曲、观看戏曲选段以及玩游戏等，这些休闲活动能够起到舒缓心情的作用，是老年生活更加丰富多彩。下面就让我们来看看小月是怎么讲解的吧！

关于本章知识，本书配套教学光盘中有相关的多媒体教学视频，请读者参看光盘【学电脑这么轻松\我的电脑我做主】。

光盘链接

- 实现我的画家梦
- 放大镜——让我看得更清楚
- 畅游多媒体世界
- 用电脑玩游戏

5.1　实现我的画家梦

【画图】程序是电脑中的一个画图工具，用户使用它不仅可以绘制简单或者精美的图画，还可以对各种位图格式的图画进行简单的处理。

5.1.1　认识【画图】程序界面

单击 **开始** 按钮，从弹出的【开始】菜单中选择【所有程序】▷【附件】▷【画图】菜单项，打开【画图】窗口。

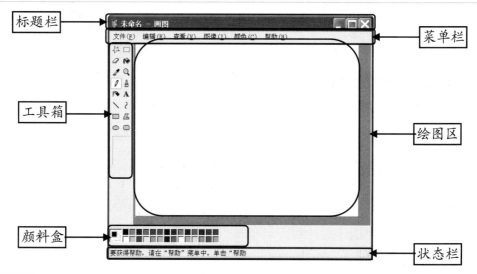

● **标题栏**

　　显示正在使用的程序名称。

● **菜单栏**

　　提供用户正在使用的操作命令。

● **工具箱**

　　包含 16 种常用的绘图工具和一个辅助选择框，为用户提供多种选择。

● **绘图区**

　　在该区域中进行绘画和编辑操作，为用户提供画布的作用。

● **颜料盒**

　　在该区域中进行颜色的选择，用户可以随意改变绘图颜色。

● **状态栏**

用于显示当前鼠标所处位置的信息，它的内容随光标的移动而改变。

5.1.2　绘制图形

对【画图】程序有了初步认识之后，就可以绘制各种图形，例如矩形、正方形、椭圆、圆形、三角形、多边形和圆角矩形等基本图形。

绘制图形的具体步骤如下。

① 单击工具箱中的【矩形工具】按钮▢，将鼠标指针移动到画布上，此时鼠标指针变为╋形状。在【辅助选择】列表框中选择一种方式，例如单击▭▭▭按钮。

② 在颜料盒中选择一种颜色作为前景色，然后右键单击颜料盒中的颜色作为背景色。

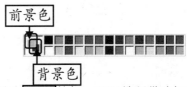

> **小提示** 单击▭▭▭按钮，可以绘制空心图形；单击▭▭▭按钮，可以绘制带边框的实心图形；单击▭▭▭按钮，可以绘制不带边框的实心图形。

③ 在绘图区中按住鼠标左键，拖动到合适位置，释放鼠标左键，即可绘制出矩形。

④ 绘制正方形。按下【Shift】键的同时按住鼠标左键或右键拖动，即可绘制出正方形。

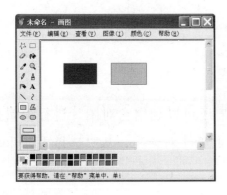

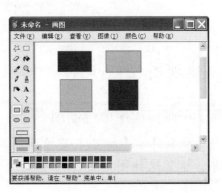

⑤ 单击工具箱中的【椭圆工具】按钮 ⬭，将鼠标指针移动到画布上，此时鼠标指针变为 ✛ 形状。在【辅助选择】列表框中选择一种方式，例如单击 ▭ 按钮。在颜料盒中选择一种颜色作为前景色，然后右键单击颜料盒中的颜色作为背景色。在绘图区中按住鼠标左键，拖动到合适位置，释放鼠标左键，即可绘制出一个椭圆。

⑥ 绘制圆形。按下【Shift】键的同时按住鼠标左键或右键拖动，即可绘制出圆形。

⑦ 单击工具箱中的【多边形工具】按钮 ⬠，将鼠标指针移动到画布上，此时鼠标指针变为 ✛ 形状。在【辅助选择】列表框中选择一种方式，例如单击 ▭ 按钮。在颜料盒中选择一种颜色作为前景色，然后右键单击颜料盒中的颜色作为背景色。在绘图区中拖动鼠标左键，并在每个转角处单击鼠标，绘制完后双击鼠标，此时即可绘制出图形。

5.1.3 处理图片

除了在画图程序中绘制图形之外，用户还可以利用它对图片进行编辑处理。

① 选择【文件】➢【打开】菜单项，弹出【打开】对话框，从中选择要打开的图片文件，这里选择图片文件"梅花"。

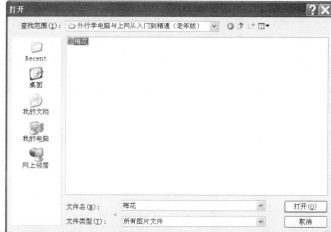

② 单击 [打开(O)] 按钮即可将图片插入到【画图】程序中。选择【图像】➤【翻转/旋转】菜单项。

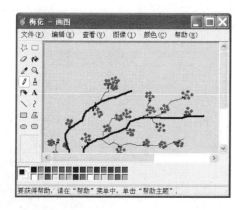

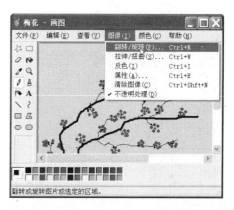

③ 随即弹出【翻转和旋转】对话框，在【翻转或旋转】组合框中选中【水平翻转】单选钮。

④ 设置完毕单击 [确定] 按钮，即可完成图片水平翻转。

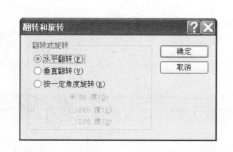

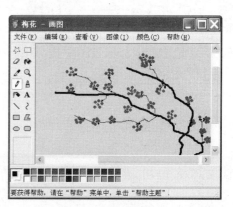

⑤ 单击工具箱中的【文字】按钮 **A**，此时鼠标指针变成┼形状，单击工具箱中的 按钮，在画图窗口中合适的位置绘制一个合适大小的文本框，随即弹出【字符】工具栏，从【字体】下拉列表中选择【华文行楷】选项，从【字号】下拉列表中选择【24】选项，然后从【颜料盒】中选择字体颜色。

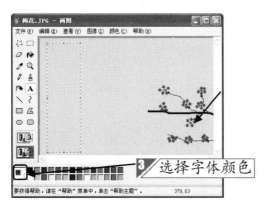

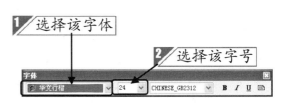

⑥ 设置完毕关闭【字符】工具栏，输入诗句"疏影横斜水清浅"。

⑦ 按照同样的方法输入诗句"暗香浮动月黄昏"。

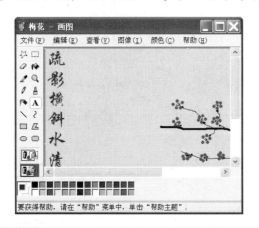

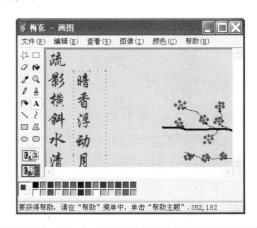

5.2 放大镜——让我看得更清楚

　　放大镜是 Windows XP 中提供的一种辅助工具，该工具可以帮助视力不好的老年人更方便地操作电脑。

5.2.1　启动放大镜

　　使用放大镜可以将鼠标指向的屏幕内容放大数倍，方便用户更仔细地观看。

　　启动放大镜的具体步骤如下。

① 单击 按钮，从弹出的【开始】菜单中选择【所有程序】▶【附件】▶【辅助工具】▶【放大镜】菜单项，启动放大镜程序。

② 随即弹出【Microsoft 放大镜】提示信息对话框，单击 ［ 确定 ］ 按钮关闭该对话框。单击【放大镜设置】对话框标题栏上的【最小化】按钮，使其处于最小化状态，这时屏幕上方放大镜显示的内容就是鼠标指针所指向的内容（默认放大 2 倍）。

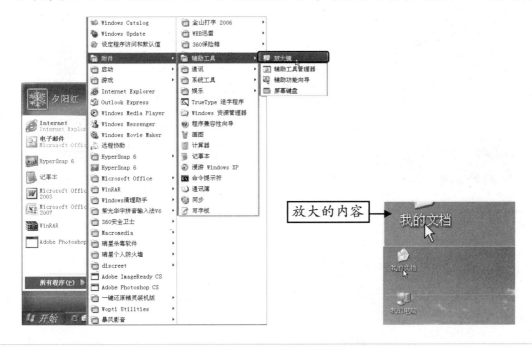

放大的内容

5.2.2　设置放大镜

在使用放大镜的过程中，可以在【放大镜设置】对话框中对各项进行设置。

设置放大镜显示倍数

在【放大镜设置】对话框中的【放大倍数】下拉列表中选择要进行放大的倍数。

● 设置放大镜浮动窗口的高度

放大镜的浮动窗口是用来显示鼠标所指向的内容，可以设置其高度，以方便显示更多的内容。将鼠标指针移动到浮动窗口的底部，当鼠标指针变为 $\updownarrow$ 形状时，按住鼠标左键不放，向上或向下拖动，即可改变浮动窗口的高度。

▲　调整前

▲　调整后

● 设置放大镜的外观

设置放大镜的外观是在【放大镜设置】对话框中进行的。

【反色】复选框：在【放大镜设置】对话框中的【外观】组合框中选中【反色】复选框，可以使放大后的屏幕以反色效果显示。

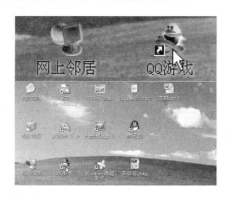

【启动后最小化】复选框：选中该复选框后，在启动放大镜时，该对话框以最小化的方式显示在任务栏中。

【显示放大镜】复选框：默认情况下该复选框处于选中状态，若取消该复选框，则会关闭放大镜。

5.2.3　退出放大镜

退出放大镜的方法主要有 3 种，下面分别进行介绍。

(1) 单击【放大镜设置】对话框中的【关闭】按钮⊠。

(2) 单击【放大镜设置】对话框中的 退出(X) 按钮。

5.3 畅游多媒体世界

随着电脑多媒体功能的日益增多，多媒体给用户带来了全新的体验。

5.3.1 使用录音机录下欢声笑语

电脑自带了一种语音录制程序——录音机，它可以将自己朗读的诗词、演唱的戏曲录制下来，以便于供自己或他人欣赏。

录制声音之前，首先要确定音频设备是否已经正确地连接到电脑上，例如麦克风、CD 播放机、录音机等，然后进行录制。录制声音的具体步骤如下。

① 单击 开始 按钮，在弹出的【开始】菜单中选择【所有程序】➤【附件】➤【娱乐】➤【录音机】菜单项，弹出【录音机】工作窗口。

② 单击【开始】按钮 ● ，开始录制声音。

③ 录制完毕单击【停止】按钮 ■ ，选择【文件】➤【保存】（或【另存为】）菜单项，打开【另存为】对话框，在【保存在】下拉列表中选择保存声音文件的路径，在【文件名】下拉列表文本框中输入声音文件名称。

 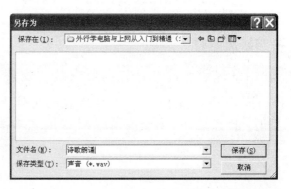

④ 设置完毕单击 保存(S) 按钮即可。

5.3.2 用电脑播放音乐

电脑自带了媒体播放器 Windows Media Player，用户可以用它听歌曲，也可以欣赏戏曲选段。

播放戏曲、歌曲的方法很简单，单击 开始 按钮，在弹出的【开始】菜单中选择【所有程序】➤【附件】➤【娱乐】➤【Windows Media Player】菜单项，打开 Windows Media Player 11 工作界面，切换到【正在播放】选项卡。打开要播放的戏曲歌曲所在的文件夹窗口，选中戏曲歌曲，按下鼠标左键不放拖动到 Windows Media Player 右侧的播放列表中。此时即可开始播放该戏曲歌曲。

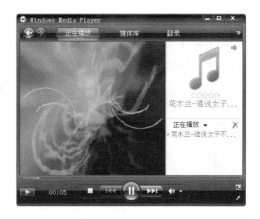

5.3.3 用电脑看电影

目前流行的多媒体播放器很多，这里以暴风影音 2009 为例进行介绍。

1. 安装暴风影音

使用暴风影音前，首先需要安装，安装暴风影音的具体步骤如下。

① 打开暴风影音 2009 安装程序所在的文件夹窗口，然后双击其安装程序图标 ，弹出【打开文件–安全警告】对话框。单击 运行(R) 按钮，弹出【欢迎安装 暴风影音 2009】窗口。

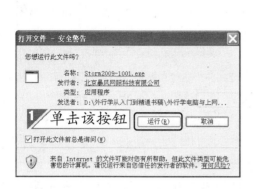 

② 单击 下一步(N) > 按钮，弹出【许可证协议】窗口。单击 我接受(I) 按钮，弹出【选择组件和需要创建的快捷方式】窗口。

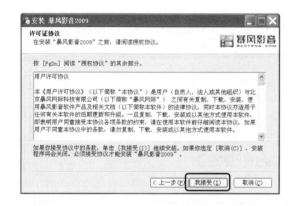 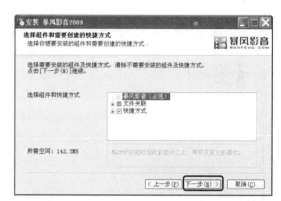

③ 单击 下一步(N) > 按钮，弹出【选择安装位置】窗口，单击 浏览(B)... 按钮，弹出【浏览文件夹】对话框，从中选择暴风影音的安装文件夹，或单击 新建文件夹(M) 按钮，为安装建立新文件夹。

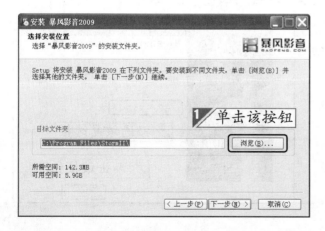 

④ 设置完毕单击 确定 按钮，返回【选择安装位置】窗口。单击 下一步(N) > 按钮，弹出【免费的百度工具栏】窗口，撤选【安装百度工具栏】复选框。

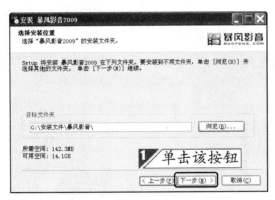 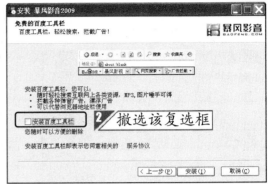

⑤ 设置完毕单击 安装(I) 按钮即可开始安装暴风影音，稍等片刻即可安装完毕，弹出【暴风影音推荐软件】窗口，根据实际需要选择要安装的推荐软件，这里全部撤选。

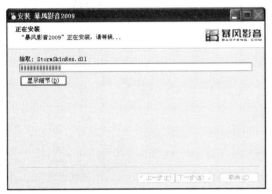 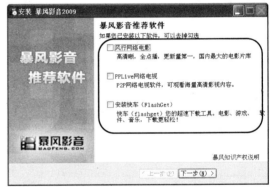

⑥ 设置完毕单击 下一步(N) 按钮，弹出【皮肤外观】窗口，选中【默认】单选钮。

⑦ 设置完毕单击 下一步(N) 按钮，弹出【暴风影音2009[3.09.10.01]安装完成】窗口，撤选【运行 暴风影音2009】复选框，单击 完成(F) 按钮即可。

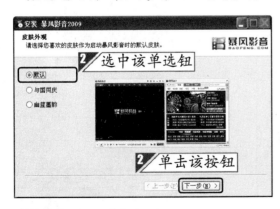 

2. 播放戏曲选段

安装后就可以播放戏曲选段了，具体的操作步骤如下。

① 单击 开始 按钮，在弹出的【开始】菜单中选择【所有程序】➤【暴风影音】➤
【暴风影音】菜单项，弹出暴风影音工作窗口。

② 单击播放列表中的【添加到播放列表】按钮 ➕ ，弹出【打开】对话框，从中选
择要播放的戏曲选段。选择完毕单击 打开(O) 按钮将其添加到暴风影音的播放列
表中，在播放列表中双击该戏曲选段即可开始播放。

播放戏曲选段

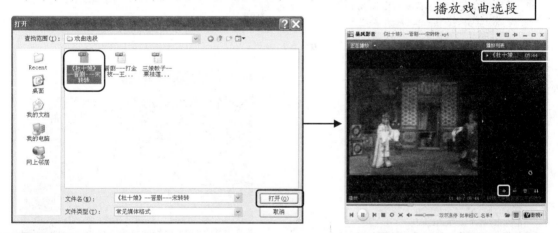

5.4　用电脑玩游戏

　　电脑中自带了许多游戏，它既可以打发空闲和无聊的时间，又可以在休闲娱
乐的同时开发大脑智力。

　　单击 开始 按钮，在弹出的【开始】菜单中选择【所有程序】➤【游戏】菜
单项，即可看到电脑自带的这些小游戏。

　　这些小游戏主要分为两类，一类是单机游戏，另一类则需要联网才能玩，其
中联网游戏前面都有"Internet"的字样。

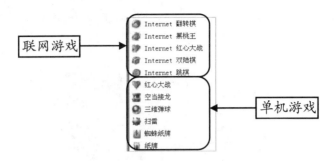

本节以 Internet 跳棋为例介绍电脑自带的游戏的玩法。进入"Internet 跳棋"游戏的具体步骤如下。

① 单击 开始 按钮，在弹出的【开始】菜单中选择【所有程序】▷【游戏】▷【Internet 跳棋】菜单项，弹出【跳棋】对话框。

② 单击 开局(P) 按钮，此时电脑会自动地连接网络，并为用户寻找对手玩家。稍等片刻即可进入游戏界面。跳棋的棋盘上共有 64 个方格，但只使用一半，因为只能在黑色方格上出棋。游戏开始时，一位玩家执红棋，另一位玩家执白棋，开局时红棋先走，然后再走白旗，随后的游戏中轮换次序。只要能够成功地阻止对方移动或者吃掉对手所有的棋子，则游戏获胜。成功地阻止对方移动或吃掉对手所有棋子的一方获胜

 练兵场 **利用暴风影音看戏曲选段**

利用 5.3.3 小节介绍的方法，利用暴风影音观看戏曲选段，操作过程可参见配套光盘\练兵场\利用暴风影音看戏曲选段。

第6章

教你与电子数码打交道

爷爷最近买了一个数码相机，周末的时候跟奶奶出去玩拍了不少照片，可他却不知道怎么传到电脑上。只好请教小月了。小月不仅教给他将数码相机中的照片导入到电脑上的方法，还给他介绍了将数码摄像机中的视频导入到电脑上和将电脑中的歌曲传输到MP3和MP4中的方法。下面就让我们来看看小月是怎么讲解的吧！

关于本章知识，本书配套教学光盘中有相关的多媒体教学视频，请读者参看光盘【电子数码与安全防护\教你与电子数码打交道】。

光盘链接

- 将数码相机中的照片导入到电脑中
- 将数码摄像机中的视频导入到电脑中
- 将电脑中的歌曲导入到MP3/MP4中

6.1 将数码相机中的照片导入到电脑中

随着数字信息化的发展，拥有数码相机的人越来越多。用户可以将数码相机中的照片存入电脑，这样不但方便查看，而且还可以使用软件对照片进行简单的处理。

6.1.1 将数码相机连接到电脑

要将数码相机中的照片存入电脑，首先要将数码相机与电脑连接起来。

将数码相机连接到电脑的具体步骤如下。

① 将数码相机的数据线中的方形接口（非 USB 接口）连接到数码相机的数据传输接口。将数据线的另一端 USB 接口连接到电脑机箱上的 USB 接口。此时即完成了数码相机与电脑的连接。

与数码相机连接

与电脑机箱上的 USB 接口连接

② 按下数码相机的开关按钮打开数码相机。如果是第 1 次连接，Windows XP 即插即用功能自动检测到数码相机，并在屏幕右下角的任务栏中会出现"发现新硬件"的提示信息（以后再连接不显示此提示信息）。连接成功后，在"我的电脑"窗口中增加一个代表数码相机的图标（本例为 I:）。

6.1.2 将照片保存到电脑上

连接好数码相机后就可以将数码相机里的照片存入电脑了。

将数码相机中的照片保存到电脑上的具体步骤如下。

① 依次展开数码相机内照片所在的文件夹 I:\DCIM\101MSDCF 文件夹，选中要存入电脑中的照片文件，然后按下【Ctrl】＋【C】组合键将选中的照片文件复制到剪贴板中。再打开要存放数码照片的文件夹，这里打开 "F:\我的文件夹\数码照片" 文件夹。

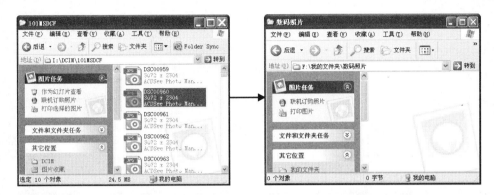

② 在打开的【数码照片】文件夹窗口中单击鼠标右键，在弹出的快捷菜单中选择【粘贴】菜单项将所选的照片粘贴到该文件夹中即可。

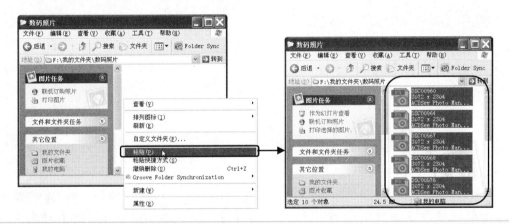

6.1.3　浏览和美化我的照片

将数码相机中的照片保存到电脑上之后，就可以开始浏览和美化照片了。ACDSee 软件是目前使用最为广泛的图片浏览工具软件之一，它具有支持性强、浏览速度快、显示质量高等特点，并且还能够对图片进行简单的处理。本小节以ACDSee 2009 为例介绍浏览和美化照片的方法。

1.　安装 ACDSee 软件

要想使用 ACDSee 软件浏览和美化照片，首先需要将其安装到自己的电脑上。安装 ACDSee 软件的具体步骤如下。

① 双击 ACDSee 安装程序图标，弹出【正在准备安装…】对话框，稍等片刻弹出【欢迎使用 ACDSee Photo Manager 2009 的 InstallShield 向导】对话框。

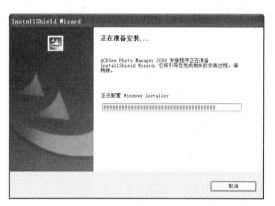

② 单击 下一步(N) > 按钮，弹出【许可协议】对话框，选中【我接受许可证协议中的条款】单选钮，然后单击 下一步(N) > 按钮，弹出【用户信息】对话框。

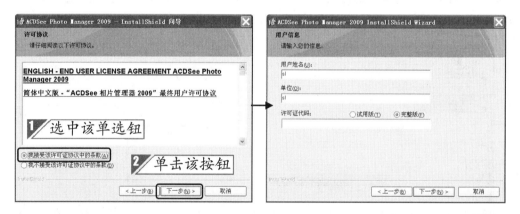

③ 从中输入用户信息和许可证代码，输入完毕单击 下一步(N) > 按钮，弹出【安装类型】对话框，选中【自定义】单选钮，然后单击 下一步(N) > 按钮，弹出【自定义安装】对话框。

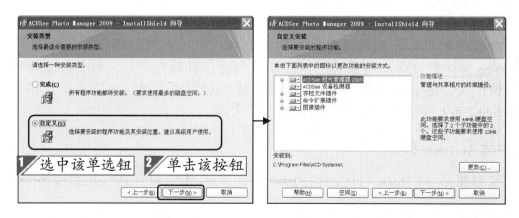

④ 单击 更改(C)... 按钮，弹出【更改当前目标文件夹】对话框，从中设置软件的安装位置，设置完毕单击 确定 按钮，返回【自定义安装】对话框。

⑤ 单击 下一步(N) > 按钮，弹出【外部程序集成安装】对话框，选中【全部】单选钮，单击 下一步(N) > 按钮，弹出【免费的 Google 工具栏，搜索更简单】对话框，选中【不要安装 Google 工具栏】单选钮。

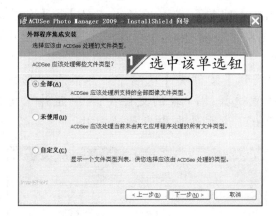 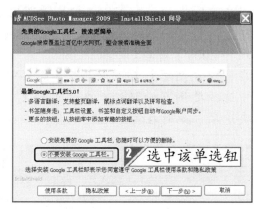

⑥ 选择完毕单击 下一步(N) > 按钮，弹出【已准备好安装程序】对话框，单击 安装(I) 按钮即可开始安装 ACDSee 软件。

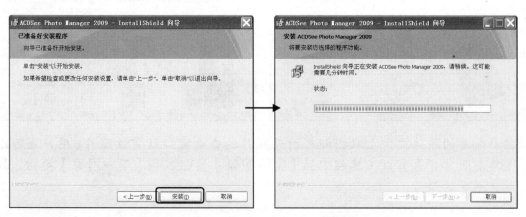

⑦ 稍等片刻即可安装完毕，弹出【InstallShield 向导已完成】对话框，撤选【启动 ACDSee Photo Manager 2009】复选框，然后单击 完成(F) 按钮即可。

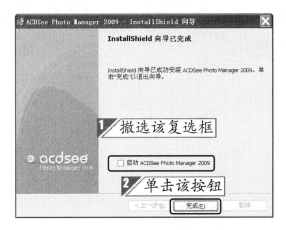

2. 浏览照片

使用 ACDSee 软件浏览照片的具体步骤如下。

① 双击桌面上的【ACDSee 相片管理器 2009】图标，或者选择【开始】➤【所有程序】➤【ACD Systems】➤【ACDSee 相片管理器 2009】菜单项，打开【相片管理器 2009】窗口。

② 在窗口左侧的【文件夹】任务窗格中切换到【文件夹】选项卡，然后在树形目录中选择要浏览的照片所在的文件夹，这里选择"F:\我的文件夹\数码照片"文件夹选项，此时在窗口右侧的窗格中显示出了该文件夹中存放的照片。

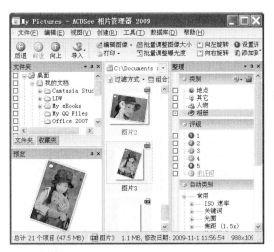

③ 在要查看的照片文件上双击即可打开照片的查看窗口欣赏该照片。用户还可以通过单击照片查看窗口工具栏中的【上一图像】按钮和【下一图像】按钮切换当前浏览的照片。

3.　美化照片

在 ACDSee 照片管理器 2009 中不仅可以欣赏图片，还可以对图片进行简单的处理，例如对图片进行裁剪、曝光调整以及添加特效等，以使图片变得更加漂亮。

🔵　裁剪照片

使用 ACDSee 照片管理器 2009 提供的裁剪功能可以将照片中多余的部分裁掉，从而提升照片的整体效果。裁剪照片的具体步骤如下。

① 使用 ACDSee 照片管理器 2009 打开要进行裁剪的照片的查看窗口，选择【修改】➤【裁剪】菜单项即可进入图片的裁剪状态。

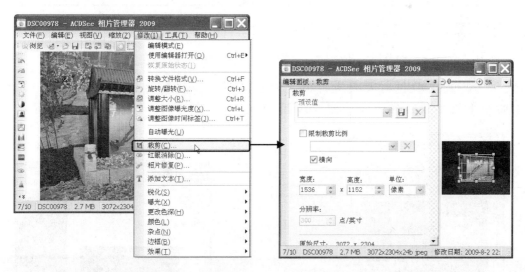

② 将鼠标指针移至图像四周的 8 个控制点上，当鼠标指针呈双向箭头显示时，按住鼠标左键并拖动鼠标调整裁剪框的大小，调整到合适的大小后双击裁剪区域就可以完成对照片的裁剪操作，随即会返回图片的查看窗口。

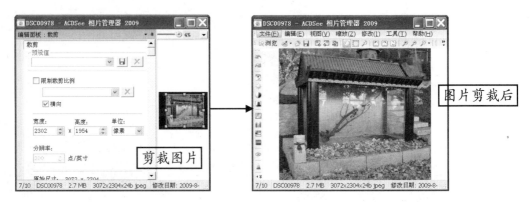

③ 单击查看窗口右上角的【关闭】按钮⊠，随即会弹出【保存改变】对话框，单击
 另存为… 按钮会弹出【图像另存为】对话框，在该对话框中选择处理后照片的
保存位置，并在【文件名】文本框中输入要保存照片的名称，然后单击 保存(S)
按钮即可。

● **曝光调整**

　　使用 ACDSee 对图片进行曝光调整的具体操作步骤如下。

① 使用 ACDSee 软件打开要进行曝光调整的照片，然后选择【修改】➤【曝光】➤
【曲线】菜单项，弹出【曲线】编辑面板。

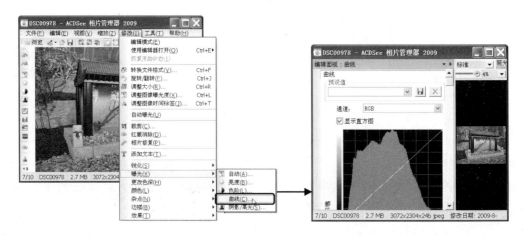

② 按住鼠标左键不放并拖动【曲线】框中间的白线调整照片的曝光强度，观察右侧缩略图，满意后依次单击【曲线】编辑面板下方的 应用 按钮和 完成 按钮，即可完成对照片的曝光调整。

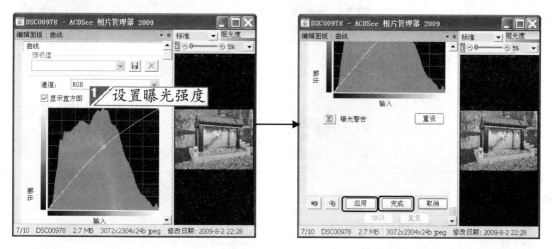

添加特效

下面以给照片添加油画特效为例进行介绍，具体的操作步骤如下。

① 使用 ACDSee 照片管理器软件打开要添加特效的照片，然后选择【修改】➤【效果】➤【绘画】➤【油画】菜单项。

② 随即弹出【油画】编辑面板，在【画笔宽度】、【变异】和【振动】文本框中分别输入这 3 项的值，这里分别输入 "6"、"15" 和 "5"。

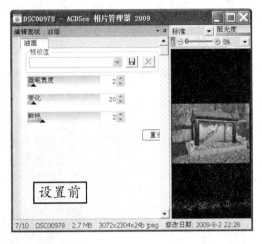

3 单击【油画】编辑面板下方的 完成 按钮即可完成油画特效的添加。

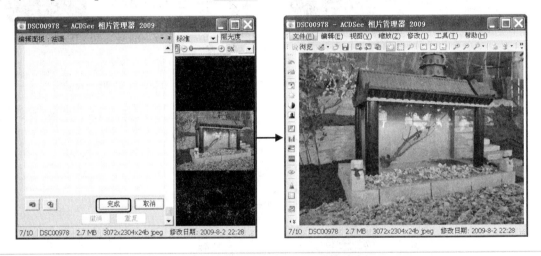

6.1.4　使用压缩软件压缩与解压缩照片文件

有时候为了节省空间，用户还可以将文件和文件夹压缩处理，等用到时再将其解压缩即可。常用的压缩软件主要有 WinZip 和 WinRAR，本小节以 WinRAR 为例进行介绍。

1.　安装压缩软件 WinRAR

在此之前需要首先将压缩/解压缩软件 WinRAR 安装到电脑上，方法很简单，用户只需要根据提示一步一步地操作就可以了。

安装压缩软件 WinRAR 的具体步骤如下。

1 双击压缩软件 WinRAR 安装程序图标，弹出【打开文件 - 安全警告】对话框。

② 单击 运行(R) 按钮，弹出【WinRAR 3.90 简体中文版】窗口。

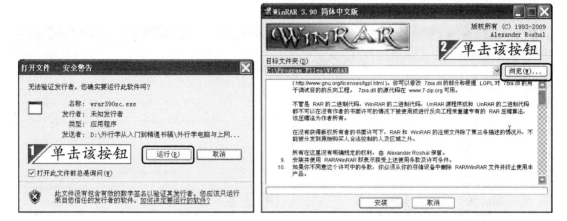

③ 单击 浏览(W)... 按钮，弹出【浏览文件夹】对话框，从中设置 WinRAR 的安装位置，设置完毕单击 确定 按钮，返回【WinRAR 3.90 简体中文版】窗口，可以看到 WinRAR 的安装位置已经更改。

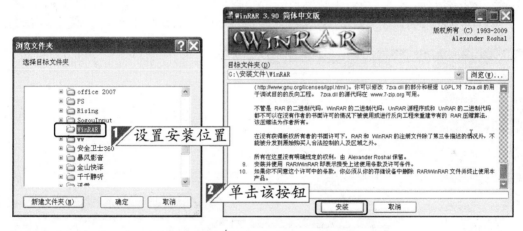

④ 直接单击 安装 按钮即可开始安装 WinRAR 软件。

⑤ 稍等片刻即可安装完毕，弹出【WinRAR 简体中文版安装】对话框，单击 ⬚确定 按钮，在弹出的对话框中直接单击 ⬚完成 按钮即可。

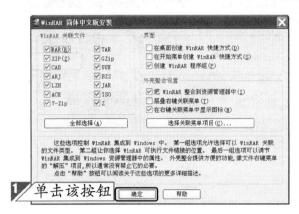

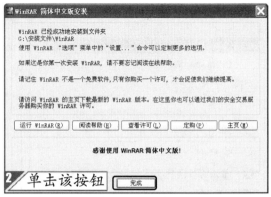

2. 压缩照片文件夹

这里压缩照片文件夹"数码照片"为例进行介绍，具体的操作步骤如下。

① 选中要压缩的照片文件夹"数码照片"，然后单击鼠标右键，从弹出的快捷菜单中选择【添加到压缩文件】菜单项，随即弹出【压缩文件名和参数】对话框。

② 单击 ⬚浏览(B)... 按钮，弹出【查找压缩文件】对话框，从中设置压缩文件要保存的位置。

设置文件的保存位置

③ 设置完毕单击 保存(S) 按钮，返回【压缩文件名和参数】对话框。

④ 直接单击 确定 按钮即可开始压缩该文件夹。

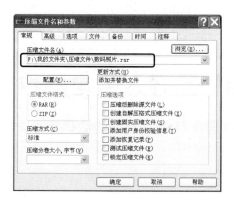

3.　解压缩文件

当要查看已经压缩的文件或者文件夹时，首先需要将其将解压缩。具体的操作步骤如下。

① 选中要解压缩压缩的压缩文件"数码照片"，然后单击鼠标右键，从弹出的快捷菜单中选择【解压文件】菜单项。

② 随即弹出【解压路径和选项】对话框，从中设置压缩文件要解压缩到的位置，然后单击 确定 按钮即可开始解压缩。

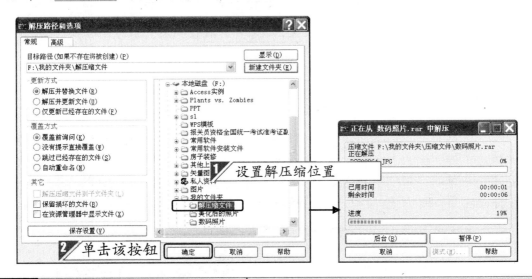

6.2 将数码摄像机中的视频导入到电脑中

除了数码相机之外，数码摄像机也是目前较为流行的数码产品之一。

1. 将数码摄像机连接到电脑上

要想将数码摄像机中的视频导入到电脑中，首先需要将数码摄像机连接到电脑上。将数码摄像机连接到电脑上的具体步骤如下。

① 将数码摄像机数据线的 DV 插头插入数码摄像机的 DV 传输接口，然后将数据线的 USB 插头插入电脑的 USB 接口。

② 打开数码摄像机电源，在屏幕上选择 USB 模式，此时任务栏中会出现图标，然后会依次弹出提示信息框，提示用户数码摄像机与电脑已经连接成功。

③ 随即弹出【系统设置改变】对话框，直接单击 是(Y) 按钮重新启动电脑。重新启动电脑后，摄像机被安装为一个可移动硬盘（如【可移动硬盘I:】）。注：不明事项请参照摄像机说明书。

2. 将视频导入到电脑中

导入前应连接摄像机，打开摄像机电源。

将数码摄像机中的视频导入到电脑中的具体步骤如下。

① 依次打开【我的电脑】➤【可移动硬盘（I:）】➤【STREAM】文件夹窗口，选择要复制的视频文件，然后选择【编辑】➤【复制】菜单项。

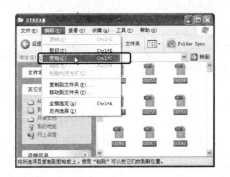

② 打开【本地磁盘（F:）】窗口，在窗口空白处单击鼠标右键，从弹出的快捷菜单中选择【新建】➤【文件夹】菜单项。

③ 将该文件夹重命名为"我拍摄的视频"，双击将其打开，在文件夹空白处单击鼠标右键，从弹出的快捷菜单中选择【粘贴】菜单项，将视频文件复制到"我拍摄的视频"文件夹。

④ 双击视频文件可观看视频。

6.3 将电脑中的歌曲导入到MP3/MP4中

目前 MP3/MP4 是市场上较为流行的电子设备，使用它可以收听歌曲。用户在电脑保存的歌曲可以传输到 MP3/MP4 中。

将电脑中的歌曲传输到 MP3/MP4 中的方法很简单。首先需要将 MP3/MP4 的USB插头插入到电脑的USB接口上，按下MP3/MP4电源开关，打开MP3/MP4，此时系统自动检测到即插即用设备。找到要传输到 MP3/MP4 中歌曲所在的文件夹，并将其打开。选择要传输的歌曲，选择【编辑】➢【复制】菜单项。打开MP3/MP4 中存放歌曲的文件夹，然后选择【编辑】➢【粘贴】菜单项即可。

 练兵场 将MP3中的歌曲导入到电脑中

将 MP3 中的歌曲导入到电脑中，操作过程可参见配套光盘\练兵场\将 MP3 中的歌曲导入到电脑中。

第 7 章　快乐不忘安全防护

　　爷爷发现自己的电脑运行起来特别慢，小月告诉他有可能是中病毒了。随着网络的发展，网络安全问题已经越来越受到人们的关注。小月觉得有必要给爷爷讲解一下防护电脑安全的知识和方法。下面就让我们来看看小月是怎么讲解的吧！

　　关于本章知识，本书配套教学光盘中有相关的多媒体教学视频，请读者参看光盘【电子数码与安全防护\快乐不忘安全防护】。

光盘链接

- 如何解决磁盘空间不足
- 360 安全卫士的实时保护
- 利用杀毒软件查杀病毒

7.1 如何解决磁盘空间不足

电脑在使用过程中会产生一些临时文件和磁盘碎片，若用户长时间不对它们进行清除和整理就会造成磁盘空间不足。

7.1.1 查看磁盘剩余空间

用户可以通过【属性】对话框查看磁盘的剩余空间。

例如要查看本地磁盘（C：）的剩余空间，具体的操作步骤如下。

① 在要查看磁盘剩余空间的磁盘（如本地磁盘（C:)）上单击鼠标右键，然后从弹出的快捷菜单中选择【属性】菜单项。

② 随即弹出【本地磁盘（C:）属性】对话框，切换到【常规】选项卡，可以看到一个圆形的饼图，它显示出磁盘的空间，其中蓝色区域表示已经使用的空间，粉红色区域表示磁盘的剩余空间。

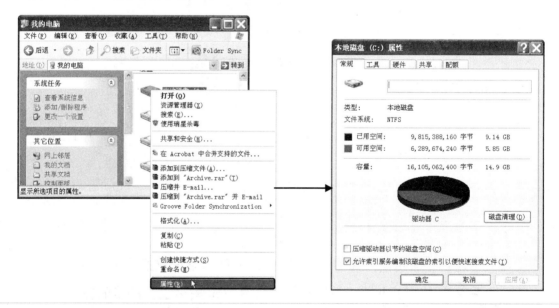

7.1.2 清理磁盘空间

电脑在使用的过程中，有时会因为数据交换而生成一些临时的信息文件，如果不能及时地将其删除，就会成为垃圾文件。垃圾文件的增多不仅耗费磁盘上的空间，而且会影响电脑的运行速度，因此需要及时清理磁盘。

清理磁盘空间的具体步骤如下。

① 选择【开始】➢【所有程序】➢【附件】➢【系统工具】➢【磁盘清理】菜单项，弹出【选择驱动器】对话框，从【驱动器】下拉列表中选择要进行磁盘清理的驱动器，这里选择【(E:)】选项。

② 单击 确定 按钮，弹出【磁盘清理】对话框。

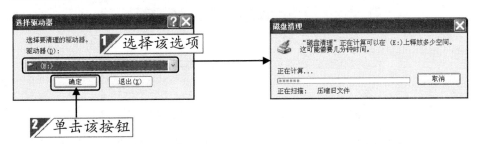

③ 稍等片刻弹出【(E:)的磁盘清理】对话框，切换到【磁盘清理】选项卡，然后在【要删除的文件】列表框中选择要删除的文件种类。

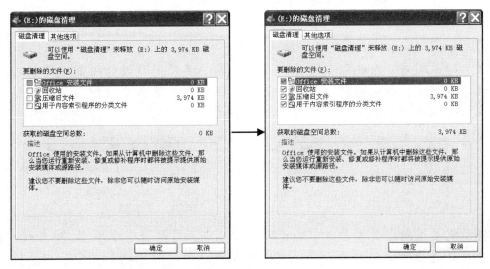

④ 设置完毕单击 确定 按钮，系统会弹出一个提示框，然后单击 是(Y) 按钮即可进行磁盘清理的操作。

7.1.3 磁盘碎片整理

电脑磁盘经过一段时间的使用之后，由于反复写入和删除文件，磁盘中的空闲扇区将分散到不连续的物理位置上，这就产生了磁盘碎片。通过系统自带的磁盘碎片整理程序，可以重新安排磁盘上的已用空间。

整理磁盘碎片的具体步骤如下。

① 选择【开始】▷【所有程序】▷【附件】▷【系统工具】▷【磁盘碎片整理程序】菜单项，弹出【磁盘碎片整理程序】窗口，从中选择要进行磁盘碎片整理的磁盘。

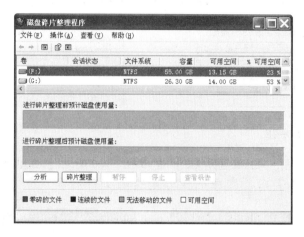

② 单击 分析 按钮即可开始进行磁盘碎片整理前的分析。当磁盘分析完毕后，如果磁盘碎片较多，系统则会弹出一个对话框，要求用户进行磁盘碎片整理；如果磁盘碎片较少，系统同样会弹出对话框，提示用户不需要进行磁盘碎片整理。用户根据可以系统的提示，选择是否进行磁盘碎片整理。

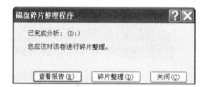 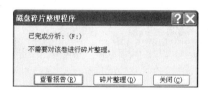

③ 在提示需要进行碎片整理的【磁盘碎片整理程序】对话框中单击 碎片整理(D) 按钮，即可开始进行磁盘碎片整理（注意：碎片整理所用时间较长，应耐心等待，最好不要进行其他操作）。磁盘碎片整理完毕后系统会弹出一个如右下图所示的对话框，提示磁盘碎片整理完毕，最后只需在该对话框中单击 关闭(C) 按钮即可。

 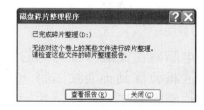

7.2　360安全卫士的实时防护

　　360 安全卫士是当前功能比较强大的，很受用户欢迎的上网安全软件。不但免费，还独家提供多款著名杀毒软件的免费版。本节以 360 安全卫士的最新版本 6.0 为例介绍其安装过程和用法。

7.2.1　安装 360 安全卫士

　　要想使用 360 安全卫士（关于 360 安全卫士的安装程序，用户可以到其官方网站上下载），首先需要将它安装到自己的电脑上。

　　安装 360 安全卫士的具体步骤如下。

① 打开 360 安全卫士安装程序所在的文件夹窗口，双击其安装程序图标，弹出【打开文件 - 安全警告】对话框，单击 运行(R) 按钮，弹出【欢迎使用 "360 安全卫士" 安装向导】窗口。

② 单击 下一步(N) > 按钮，弹出【最终用户授权协议】窗口，单击 我接受(I) 按钮，弹出【请选择安装位置】窗口。

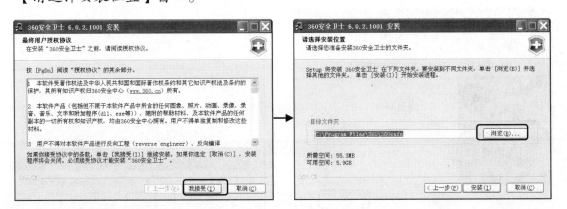

③ 单击 浏览(B)... 按钮，弹出【浏览文件夹】对话框，从中设置 360 安全卫士的安装位置，或单击 新建文件夹(M) 按钮，建立安装文件夹，然后单击 确定 按钮，返回【请选择安装位置】窗口。

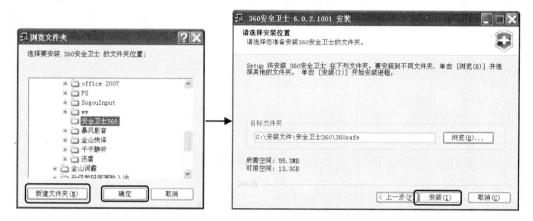

④ 单击 安装(I) 按钮即可开始安装 360 安全卫士，安装完毕弹出【360 安全卫士浏览器安装设置】窗口，撤选【安装 360 安全浏览器 3.0 正式版本】复选框。

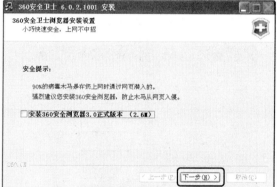

⑤ 设置完毕单击 下一步(N) > 按钮，弹出【正在完成"360 安全卫士"安装向导】窗口，单击 完成(F) 按钮，弹出提示框提示重新启动电脑，单击 是(Y) 按钮即可。

7.2.2　修复系统漏洞

将 360 安全卫士安装到电脑上之后就可以使用它修复系统漏洞（系统漏洞是指系统在具体使用中产生的错误）。

使用 360 安全卫士修复系统漏洞的具体步骤如下。

① 单击 开始 按钮，从弹出的【开始】菜单中选择【所有程序】▷【360 安全卫士】▷【360 安全卫士】菜单项即可打开 360 安全卫士工作窗口，切换到【修复系统漏洞】选项卡。

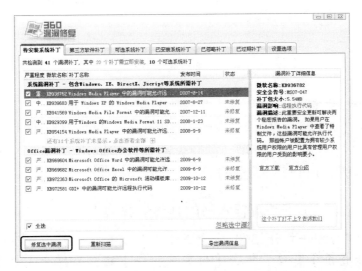

② 单击 修复选中漏洞 按钮，弹出修复系统漏洞窗口，此时电脑自动下载并安装补丁。

③ 补丁下载和安装完毕之后会弹出修复完成窗口，单击 立即重启 按钮重新启动电脑即可。

7.2.3　查杀流行木马

如今，木马病毒已大肆泛滥，它们大都是以窃取用户信息、盗银行账号和密码以及网络游戏账号和密码为目的。

利用 360 安全卫士查杀流行木马的具体步骤如下。

① 按照前面介绍的方法打开 360 安全卫士工作窗口，然后单击 木马云查杀 按钮，弹出 【360 木马云查杀】窗口。单击【自定义扫描】链接，弹出【扫描区域设置】对话框。

② 单击 添加 按钮，弹出【浏览文件夹】对话框，从中添加要查杀木马的磁盘，选择完毕单击 确定 按钮，返回【扫描区域设置】对话框。

③　设置完毕单击 开始扫描 按钮即可开始扫描。

7.2.4　清理恶评插件

恶评插件是广大 360 用户对一些软件进行评价和公正的投票后认为非常差的软件或插件。利用 360 安全卫士，用户还可以很方便清理电脑中的恶评插件。

①　单击 清理恶评插件 按钮，弹出【清理恶评插件】窗口。

② 单击 🔍 开始扫描 按钮即可开始扫描电脑中的恶评插件。

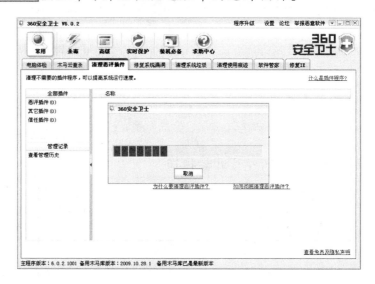

7.2.5　清理使用痕迹

使用痕迹是指用户使用电脑过程中留下的记录，这也占用一定的磁盘空间，用户可以利用 360 安全卫士清理使用痕迹。

利用 360 安全卫士清理使用痕迹的具体步骤如下。

① 按照前面介绍的方法打开 360 安全卫士工作窗口，然后单击 清理使用痕迹 按钮，弹出【清理使用痕迹】窗口。从中选择要清理使用痕迹的选项。

② 单击 立即清理 按钮即可开始清理使用痕迹，稍等片刻即可清理完毕，弹出【恭喜，已经成功删除使用痕迹。】对话框，单击 确定 按钮即可。

7.3　利用杀毒软件查杀病毒

　　一般的电脑病毒使用杀毒软件就可以查杀,目前国内的主流杀毒软件生产商主要有瑞星杀毒软件、江民杀毒软件和金山毒霸等,它们都各有所长,且都有各自特殊的技术作为后盾。本节以瑞星杀毒软件为例介绍。

7.3.1　病毒是什么

　　为了能够更好地防范电脑病毒的入侵,首先就要了解一些电脑病毒的相关信息,例如其特性以及危害等。

1.　什么是电脑病毒

　　电脑病毒并非是在人与动物之间进行传播的细菌生物,它是人为编写出来的程序代码,是一段具有破坏性的可执行指令。

　　电脑病毒具有很强的复制能力,它可以依附在各种类型的文件上,并随着文件的复制进行传播。当它通过某种途径潜伏在电脑存储介质中后,在达到某种条件时便会激活其对电脑起破坏作用的一些程序或指令,从而达到它的破坏目的。

2.　电脑病毒的特性

　　电脑病毒主要有以下几方面特性。

● 可执行性

　　电脑病毒与其他合法程序一样,是一段可执行的程序指令,它寄生在其他可执行程序上。在电脑病毒运行时,它会与合法程序争夺系统控制权。只有当它在电脑内得以运行时,才会具有电脑病毒的其他特性。

● 传染性

　　传染性是所有病毒的基本特征。与生物病毒一样,电脑病毒也会通过各种渠道从已感染病毒的电脑蔓延到未感染病毒的电脑中,在某些情况下造成被病毒感染的电脑工作失常甚至瘫痪。

● **潜伏性**

一个编制精巧的电脑病毒程序，在进入系统之后一般不会马上执行，它可以在几星期、几个月或者几年的时间内隐藏在合法的文件中，感染其他文件而不被发现。潜伏性越好的电脑病毒，在系统中存在的时间就越长，病毒的感染范围就越大。

● **可触发性**

一般情况下，电脑病毒都具有预定的触发条件，这些条件可能是日期、时间或文件类型等某些特定的数据。电脑病毒运行时，触发机制会检查预定的条件是否满足，如果满足条件则会启动感染或破坏动作；如果条件不满足，病毒将继续潜伏于电脑中。

● **破坏性**

电脑病毒的破坏性主要取决于设计者的目的，如果设计者的目的在于破坏系统的正常运行，那这种病毒对电脑系统进行攻击后所造成的后果是难以设想的。其实并非所有的电脑病毒都会对系统产生恶劣的破坏，但有时若几种本没有很大破坏作用的病毒发生交叉感染，也可导致电脑系统的崩溃。

● **主动性**

电脑病毒对系统的攻击是主动性的，它不以人的意志为转移。从一定程度上讲，电脑系统无论采取多么严密的保护措施都不能彻底排除电脑病毒对系统的攻击的可能性，而保护措施也只是一种防预的手段而已。

● **隐蔽性**

电脑病毒一般是具有较高编程技巧而短小精悍的程序，它通常附在正常程序或磁盘中较为隐蔽的地方，也有个别病毒是以隐藏文件的形式出现。其目的是不让用户发现它的存在。如果不进行代码分析，病毒与正常程序是不易区分的。

● **衍生性**

电脑病毒的破坏部分反映了设计者的设计思想和设计目的，这可以被其他掌握原理的人以其他企图进行任意改动，从而衍生出新的电脑病毒。电脑病毒的这一特性为一些好事者提供了一种创造新病毒的捷径。

● **依附性**

病毒程序嵌入宿主程序后，依附于宿主程序的执行而生存，这就是电脑病毒的依附性。病毒程序侵入到宿主程序中，一般会对宿主程序进行一定的修改，宿主程序一旦被执行，病毒程序就会被激活，从而进行自我复制和繁衍。

3.　电脑病毒的危害

当电脑病毒运行时便会对电脑中存储的信息造成严重的破坏，从而导致电脑无法正常工作。其危害主要表现在以下几个方面。

◉ 破坏电脑中的重要信息

大部分病毒在运行的时候都会直接破坏电脑中的重要数据信息，例如格式化磁盘、改写文件分配表和目录区、删除或改写重要文件以及破坏 CMOS 设置等。

◉ 占用磁盘空间

寄生在磁盘中的病毒总会非法占用部分磁盘空间。例如引导型病毒一般会侵占磁盘的引导扇区，并将原来引导扇区中的数据转移到其他扇区中，从而达到覆盖一个扇区的目的，而被覆盖扇区中的文件就会永久的丢失。

◉ 抢占系统资源

多数电脑病毒在系统运行的状态下都会常驻内存，抢占部分系统资源，干扰系统的正常运行。而病毒占用内存就会导致内存空间不足，从而使部分软件不能运行。

◉ 影响电脑运行速度

有些病毒能够控制应用程序或系统的启动程序，当启动一个应用程序或系统刚刚启动时，病毒就会执行它们的动作，从而影响电脑的运行速度。

◉ 造成网络堵塞或瘫痪

有的病毒在运行时会向外发送大量的病毒邮件和数据，造成网络的严重堵塞或瘫痪。

7.3.2　安装瑞星杀毒软件

要想使用瑞星杀毒软件查杀电脑中的病毒，首先需要将其安装到自己的电脑中。

这里以最新版本的瑞星杀毒软件 2010 为例进行介绍，安装瑞星杀毒软件的具体步骤如下。

① 双击瑞星杀毒软件安装程序图标 ，弹出【打开文件 - 安全警告】对话框。单击 运行(R) 按钮即可开始下载瑞星杀毒软件安装文件。稍等片刻弹出选择语言对话框，选择【中文简体】选项。

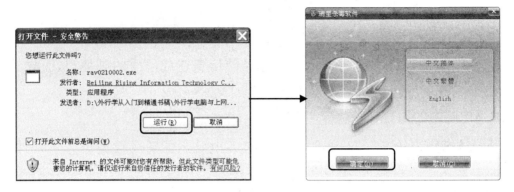

② 选择完毕单击　　确定(O)　　按钮，弹出【瑞星欢迎您】窗口。

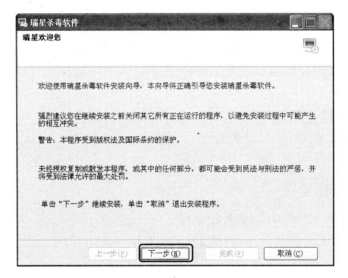

③ 单击　下一步(N)　按钮，弹出【最终用户许可协议】窗口，选中【我接受】单选钮。

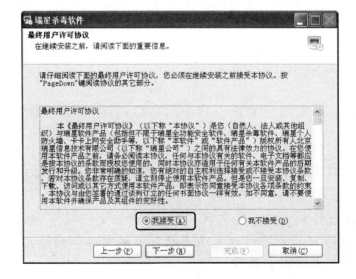

④ 单击 下一步(N) 按钮，弹出【定制安装】窗口。

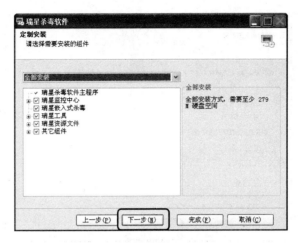

⑤ 单击 下一步(N) 按钮，弹出【选择目标文件夹】窗口，单击 浏览(B) 按钮，弹出【浏览文件夹】对话框，从中设置瑞星杀毒软件的安装位置。

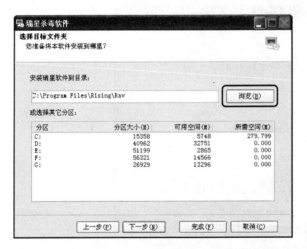

⑥ 设置完毕单击 确定 按钮，返回【选择目标文件夹】窗口。

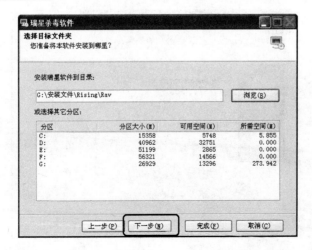

⑦ 单击 下一步(N) 按钮，弹出【选择开始菜单文件夹】窗口。

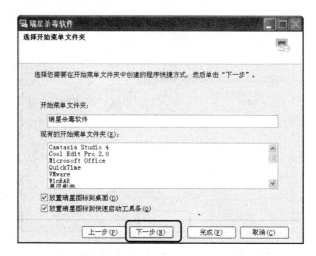

⑧ 单击 下一步(N) 按钮，弹出【安装信息】窗口。

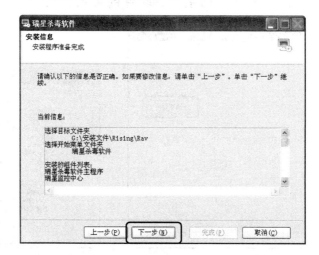

⑨ 单击 下一步(N) 按钮即可开始安装瑞星杀毒软件。

⑩ 稍等片刻即可安装完毕，弹出【结束】窗口，选中【重新启动电脑】复选框，然后单击 完成(F) 按钮即可。

7.3.3　查杀病毒

将瑞星杀毒软件安装到自己的电脑上就可以使用它查杀电脑中的病毒了。

使用瑞星杀毒软件查杀病毒的具体步骤如下。

① 选择【开始】▷【所有程序】▷【瑞星杀毒软件】▷【瑞星杀毒软件】菜单项，弹出【瑞星杀毒软件】工作窗口，单击 杀毒 按钮，切换到【杀毒】选项卡，从中设置查杀目标。

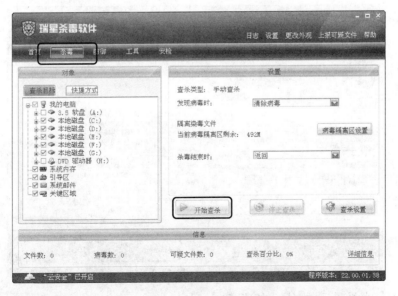

② 设置完毕单击 开始查杀 按钮即可开始查杀电脑中的病毒和木马。

③ 查杀完毕弹出【杀毒结束】对话框，单击 确定(O) 按钮即可。

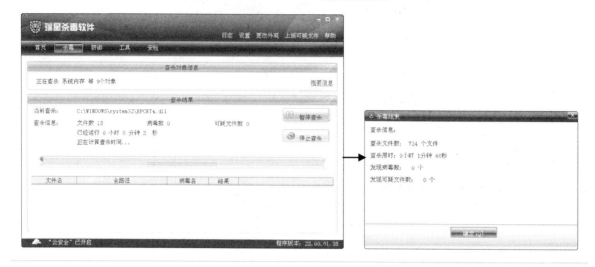

7.3.4　升级杀毒软件

为了能够增强瑞星杀毒软件的查杀能力，用户应该经常对其进行升级。升级分手动升级和定时升级两种，下面分别进行介绍。

● 手动升级

手动升级的具体步骤如下。

① 按照前面介绍的方法打开瑞星杀毒软件工作窗口，然后单击【软件升级】按钮 。

② 随即弹出【瑞星杀毒软件升级程序】窗口。

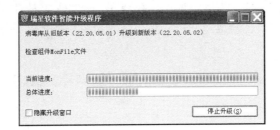

③ 稍等片刻即可开始更新瑞星杀毒软件。

④ 更新完毕弹出【结束】窗口，直接单击 完成(F) 按钮即可。

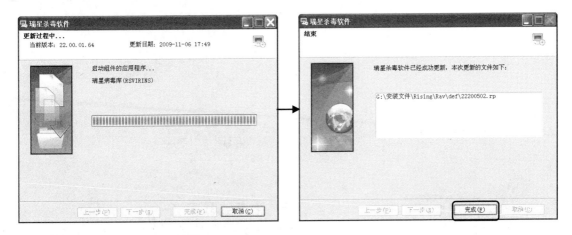

定时升级

除了手动升级之外，用户还可以定时升级杀毒软件，在此之前需要进行相应设置，具体的操作步骤如下。

① 按照前面介绍的方法打开瑞星杀毒软件窗口，然后选择【设置】选项。

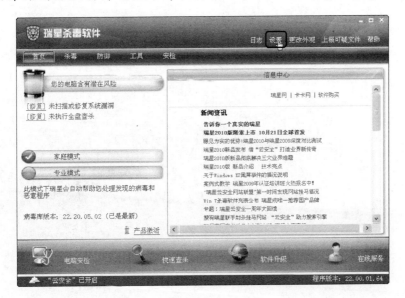

② 随即弹出【设置】窗口，切换到【升级设置】选项，从【升级频率】下拉列表中选择【每天】选项，然后在【升级时刻】微调框中设置每天的升级时刻，例如输入"09:30:00"。

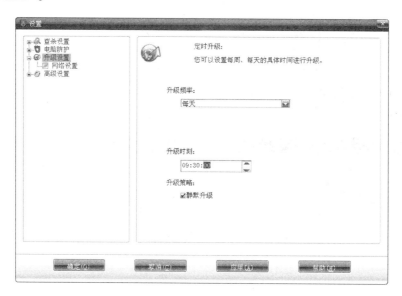

 练兵场　利用360安全卫士修复系统漏洞

　　按照 7.2 节介绍的方法，利用 360 安全卫士修复系统漏洞。操作过程可参见配套光盘\练兵场\利用 360 安全卫士修复系统漏洞。

第 2 篇
上网来冲浪，惬意新生活

本篇介绍互联网的基本知识和相关应用。本篇将对浏览网上信息，搜索和下载网络资源、网上收发电子邮件、网上聊天、网络博客、网上娱乐以及网上生活等知识。

第8章

足不出户
尽览天下事

小月告诉爷爷，如今互联网已经深入到人们日常生活和工作的各个方面。网络给人们提供了大量的信息，给人们的生活和工作带来了极大的方便，他已经成功人们提倡生活中不可缺少的组成部分。下面就让我们来看看小月是怎么讲解的吧！

关于本章知识，本书配套教学光盘中有相关的多媒体教学视频，请读者参看光盘【网络学习真奇妙\足不出户 尽览天下事】。

光盘链接

- 上网都能做什么
- 我怎么才能上网
- 认识 IE 浏览器
- 浏览网页
- 站点收藏
- 保存网页信息
- 脱机浏览网页

8.1　上网都能做什么

互联网已经深入到人们日常生活和工作的各个方面。网络给人们提供了大量的信息，给人们的生活和工作带来了极大的便利，它已经成为人们日常生活中不可缺少的组成部分。

浏览网页

随着网络的普及，上网已经成了人们日常生活中最方便的信息渠道，通过浏览网页可以了解世界各地的信息。

搜索和下载

网络上提供了大量的有用的免费资源，可以在网上搜索自己需要的资源，并可以将其下载到自己的电脑上。

与亲朋好友交流

网络还在无形中拉近了人们之间的距离，现在网络交流工具越来越多，像电子邮件、聊天工具、论坛和博客等。通过网络交流工具可以很方便地与自己的亲朋好友进行交流，随时了解朋友的近况。

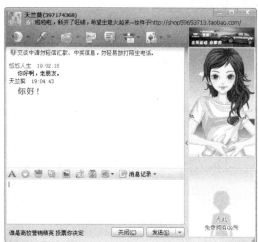

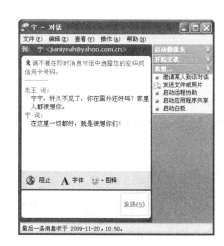

网上娱乐

用户不仅可以在网上听歌、看电视，还可以与世界各地的玩家一起玩游戏。

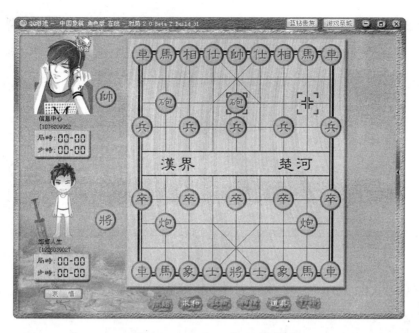

▲ 在 QQ 游戏大厅中下象棋

▲ 在联众世界中下军旗

网上新生活

　　网络不仅丰富了人们的生活，还为人们带来了一种全新的生活方式。人们可以在网上就医、在网上查看各地的旅游信息，还可以在网上炒股。

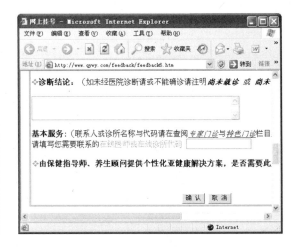

▲ 网上就医

▲ 在网上查看各地的旅游信息

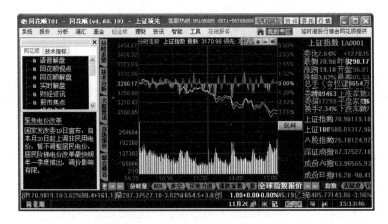

▲ 利用同花顺软件炒股

8.2 我怎么才能上网

在上网之前必须要选择一种合适的上网方式将电脑与互联网连接起来。

目前，比较常用的上网方式主要有拨号上网、ISDN 上网、ADSL 上网、LAN 小区宽带上网、无线局域网上网以及目前比较流行的无线移动上网等 6 种。读者可以根据实际需要及经济承受能力进行全面的衡量，选择一种既经济又实惠的上网方式。

● 拨号上网

拨号上网是互联网刚刚出现时使用最为普遍的一种上网方式。只要用户拥有一台个人电脑、一个内置或外置的调制解调器（即 Modem）和一根电话线，在向本地 ISP 网络服务供应商申请自己的账号或者购买上网卡，拥有自己的用户名和密码之后，就可以通过拨打 ISP 的接入电话号码连接到互联网上。拨号上网的费用较低，比较适合对网速要求不高、上网时间不长的个人用户及业务量较小的单位用户使用。使用拨号的方式上网时首先要选择一家 ISP 将电脑，将调制解调器和电话线连接到一起，然后在系统中使用【Internet 连接向导】进行相关设置即可接入因特网。

● ISDN 上网

ISDN 的中文名称是"综合业务数字网"，也就是通常所说的"一线通"，用户可以同时在同一条电话线上打电话和上网。使用 ISDN 的方式上网，用户需要有一台个人电脑、一个 ISDN 适配器以及一些其他的终端设备。这种上网方式具有数据传输速率高、传输质量好、使用灵活方便、费用适宜的优点。适合没有开通宽带接入的地区的个人用户和单位用户使用，也非常适合中小企业、乡镇政府办公使用。

● ADSL 上网

ADSL 的中文名称是"非对称数字用户环路"，它以普通电话线路作为传输介质。ADSL 的接入类型主要有两种，即专线入网方式和虚拟拨号入网方式。专线入网方式需要用户拥有固定的静态 IP 地址且 24 小时在线，虚拟拨号入网方式并不是真正的电话拨号，只需要用户输入账号、密码，通过身份验证来获得一个动态的 IP 地址。ADSL 上网方式具有下行速率高、频带宽、性能优等特点，深受广大用户喜爱，成为继拨号上网、ISDN 上网之后的一种更快捷、更高效的全新上网方式。使用 ADSL 方式上网，用户可以通过网络学习、娱乐、购物，还可以享受到先进的数据服务，例如视频会议、视频点播、网上音乐、网上电视、网上 MTV 带来的乐趣。

● LAN 小区宽带上网

LAN 小区宽带上网是目前大中城市较普及的一种宽带接入方式，网络服务商将光纤接入到楼或小区，再通过网线接入用户家，为整幢楼或小区提供共享带宽。目前国内有多家公司提供此类宽带接入方式，如网通、长城宽带、联通和电信等。

安装条件：这种宽带接入通常由小区出面申请安装，网络服务商不受理个人服务。用户可向所居住小区的物业或当地网络服务商询问本小区是否已开通小区宽带。这种接入方式对用户的设备要求最低，只需一台带网卡的电脑即可。

传输速率：使用此种方式上网，如果在同一时间上网的用户较多，网速则较慢，但多数情况下，其平均下载速度仍远远高于电信 ADSL，在速度方面占有较大优势。

优点：初装费用较低，下载速度很快，没有上传速度慢的限制，很适合需要经常下载文件的用户使用。

不足：由于这种宽带接入主要针对小区，因此个人用户无法自行申请，必须待小区用户达到一定数量后才能向网络服务商提出安装申请，较为不便。不过一旦该小区已开通小区宽带，那么从申请到安装所需等待的时间非常短。此外，各小区采用哪家公司的宽带服务由网络运营商决定，用户无法选择。

● 无线局域网上网

无线局域网，顾名思义，就是在网络的各个电脑之间不连接电缆线，是采用无线传输媒体的计算机局域网。无线局域网具有安装便捷、使用灵活、经济节约、易于扩展、容易设置的特点，适合会议室和小型办公室等场所使用。目前，无线局域网应用日益广泛。无线局域网依靠其无法比拟的灵活性、可移动性和极强的可扩容性，使用户真正享受到简单、方便、快捷的连接。

● 无线移动上网

无线移动上网就是直接使用手机卡，通过移动通信来上网。随着笔记本电脑的普及，用户对于无线移动上网的需求也越来越大，使用无线移动上网，用户就可以随时随地使用笔记本在网上遨游。使用无线移动上网需要使用无线调制解调器，而且需要由中国移动或者中国联通等服务商提供的服务器。无线移动上网可以不受地点的限制，但其网速比较慢。

8.3 认识IE浏览器

IE 浏览器是微软公司推出的一款网页浏览器，是目前使用最广泛的网页浏览器。用户安装 Windows XP 系统的同时会同时安装 IE 浏览器。

8.3.1　启动 IE 6.0 浏览器

下面以 IE 6.0 浏览器为例，介绍启动 IE 浏览器常用的两种方法。

(1) 如果用户将 IE 6.0 浏览器的图标 ⬤ 添加到了任务栏的快速启动区中，则可以在该区域单击 ⬤ 图标。

(2) 在桌面上单击 ⬤ 开始 按钮，在弹出的【开始】菜单中选择【所有程序】 ➤ 【Internet Explorer】菜单项。

8.3.2　认识 IE 6.0 浏览器工作界面

启动 IE 浏览器之后即可看到其工作界面，IE 6.0 浏览器的工作界面主要由标题栏、菜单栏、工具栏、地址栏、链接栏、工作区和状态栏等 7 部分组成。

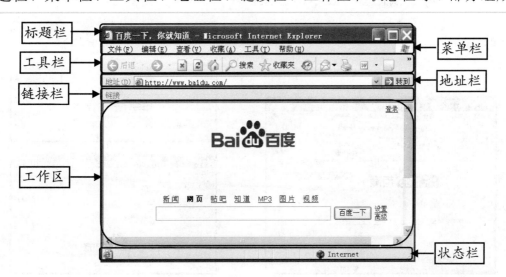

● **标题栏**

标题栏位于浏览器窗口的最顶端，主要用来显示当前所浏览网页的标题。

● **菜单栏**

菜单栏位于标题栏的下方，主要由【文件】、【编辑】、【查看】、【收藏】、【工具】和【帮助】等6个菜单项组成。各个菜单项中又包含许多子菜单，用户可以通过选择相应的菜单项来实现浏览器的各种功能。

● **工具栏**

工具栏位于菜单栏的下方，主要以按钮的形式显示出菜单栏中最常用的选项，用户可以通过单击这些按钮来实现相应的功能。

● **地址栏**

地址栏位于工具栏的下方，用户可以在地址栏的【地址】文本框中输入所要浏览的网页的网址，然后单击右侧的 转到 按钮或者按下【Enter】键即可打开该网页。

● **链接栏**

链接栏位于地址栏的下方，主要列出了一些常用网页的链接按钮，用户只需单击其中的某个网页链接按钮即可快速地打开该网页。

如果用户的 IE 浏览器窗口中没有显示出链接栏，用户可以使用以下方法将其显示出来。首先在工具栏的空白处单击鼠标右键，从弹出的快捷菜单中选择【锁定工具栏】菜单项，撤消工具栏的锁定状态，然后将鼠标指针移至【地址】文本框右侧的链接图标上，按住鼠标左键，此时鼠标指针变为 形状，将该图标拖至地址栏的下方，释放鼠标即可显示出链接栏。

工作区

工作区是 IE 浏览器窗口中最大的区域，也称为内容显示区，主要用于显示当前所浏览网页的具体内容，用户可以通过拖动右侧的垂直滚动条和下部的水平滚动条来浏览整个网页的内容。

状态栏

状态栏位于浏览器工作界面的最底端，主要用于显示当前所浏览网页的状态信息，如网页的连接状态及当前所连接站点的 IP 地址等。

8.4　浏览网页

熟悉了 IE 浏览器的工作界面之后用户就可以使用浏览器浏览网页了，本节主要介绍几种浏览网页的基本方法。

1.　使用 IE 6.0 地址栏浏览网页

下面以打开中国新闻网的首页为例，介绍一下使用地址栏浏览网页的具体步骤。

① 启动 IE 6.0 浏览器，在地址栏中输入中国新闻网的网址 "http://www.chinanews.com.cn/"。

② 单击地址栏右侧的 ⇒转到 按钮或者按下【Enter】键即可打开中国新闻网的首页面。

2.　使用超级链接访问网页

打开某个首页之后，当用户将鼠标指针移至网页中的某些文字或图片上时，鼠标指针会变为 "🖑" 形状，这表明该文字或图片是超级链接，单击此超级链接即可链接到与该文字或图片相关的网页中。

下面以浏览中国新闻网中的 "健康" 新闻为例，介绍一下使用超级链接浏览网页的具体步骤。

① 在地址栏中输入中国新闻网的网址"http://www.chinanews.com.cn/"并单击 转到 按钮打开该网页，将鼠标指针移至网页中的"健康"超级链接上，此时鼠标指针变为"🖑"形状。

② 单击此超级链接即可在一个新的窗口中打开【中新网健康频道】网页。

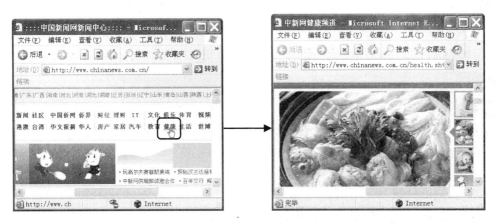

③ 将鼠标指针移至网页中的某张图片上，此时鼠标指针变为"🖑"形状。

④ 单击此图片超级链接即可在一个新的窗口中打开与该图片相关的网页。

3. 使用导航按钮浏览网页

导航按钮是指位于工具栏左侧的【后退】按钮 后退、【前进】按钮、【停止】按钮、【刷新】按钮和【主页】按钮等 5 个按钮。

各个按钮的图标和作用如下表所示。

按钮名称	按钮图标	按钮作用
【后退】按钮	后退	单击此按钮将返回到当前网页的前一个网页

续表

按钮名称	按钮图标	按钮作用
【前进】按钮	⊖后退 ・	单击此按钮可以前进到访问当前网页之后曾经访问过的网页
【停止】按钮	⊠	单击此按钮可以停止对当前网页的链接
【刷新】按钮	⊠	单击此按钮可以对当前网页中的信息进行更新并重新显示当前网页
【主页】按钮	⌂	单击此按钮可以返回到系统默认或用户自定义的主页中

使用【后退】按钮⊖后退・和【前进】按钮⊙浏览网页的具体步骤如下。

① 将鼠标指针移至工具栏中的【后退】按钮⊖后退・上，此时即可在其下方显示出一行提示文字。单击【后退】按钮⊖后退・即可返回到百度搜索引擎首页面。

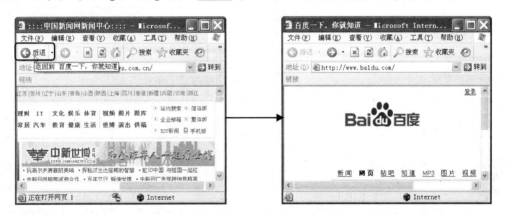

② 将鼠标指针移至工具栏中的【前进】按钮⊙・上即可在其下方显示出一行提示文字，单击此按钮即可再次返回到【中国新闻网新闻中心】网页。

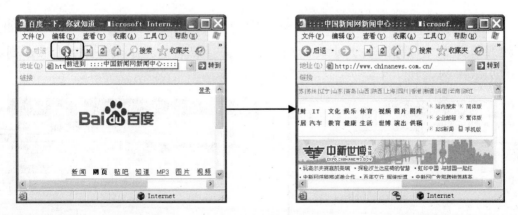

4. 使用链接栏浏览网页

用户可以将一些经常访问的网页的快捷方式添加到链接栏中,这样只需在链接栏中单击所要浏览的网页所对应的快捷方式按钮即可快速地打开该网页。

这里以将中国新闻网的快捷方式添加到链接栏中为例进行介绍，具体的操作步骤如下。

① 启动 IE 浏览器之后打开中国新闻网的主页，然后将鼠标指针移至地址栏中该网页的图标 📄 上，此时鼠标指针变为"👆"形状。

② 按住鼠标左键，将鼠标指针拖至链接栏上，当指针变为"🔗"形状时释放鼠标即可在链接栏中创建该网页的快捷方式。

 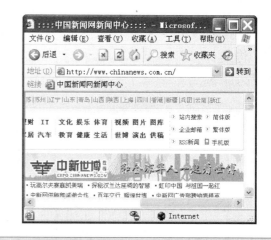

8.5　站点收藏

用户在浏览网页时，如果发现一些比较感兴趣的网页，可以使用收藏夹将其收藏起来，以便于日后浏览。

这里以将中国新闻网添加到收藏夹中为例进行介绍，具体的操作步骤如下。

① 按照前面介绍的方法打开中国新闻网首页面，然后选择【收藏】➤【添加到收藏夹】菜单项，弹出【添加到收藏夹】对话框。

 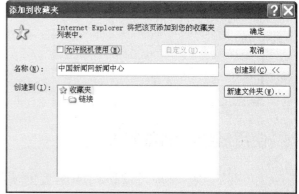

② 单击 新建文件夹(W)... 按钮，弹出【新建文件夹】对话框，在【文件夹名】文本框中 中输入"新闻网站"，然后单击 确定 按钮，返回【添加到收藏夹】对话框。

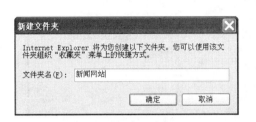

③ 单击 确定 按钮即可完成设置，选择【收藏】➤【新闻网站】菜单项，从 弹出的级联菜单中可以看到已经将中国新闻网添加到【新闻网站】收藏夹中了。

8.6 保存网页信息

在浏览网页的过程中，用户如果在网页中发现一些具有收藏价值的信息和图 片，还可以将其保存下来。

1. 保存网页

用户可以直接将网页保存起来，具体的操作步骤如下。

① 打开要保存的网页，然后选择【文件】➤【另存为】菜单项，弹出【保存网页】 对话框，从中设置网页的保存位置和保存名称。

② 设置完毕单击 保存(S) 按钮即可开始保存网页。

③ 将网页保存下来之后，按照保存路径找到网页的保存位置即可看到所保存的网页文件和文件夹。

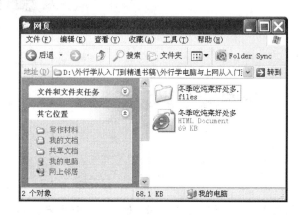

2. 保存网页中的图片

保存网页中的图片的具体步骤如下。

① 在要保存的图片上单击鼠标右键，然后从弹出的快捷菜单中选择【图片另存为】菜单项。

② 随即弹出【保存图片】对话框，从中设置图片的保存位置和保存名称。

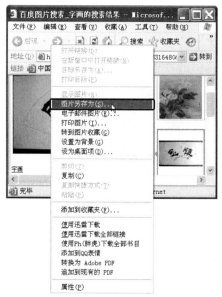

③ 设置完毕单击 保存(S) 按钮即可，按照保存路径找到图片的保存位置即可看到所保存的图片。

8.7 脱机浏览网页

IE 浏览器具有脱机浏览网页的功能，也就是说即使上不了网也可以浏览网页，但前提是用户必须将网页设置为可脱机浏览。

用户可以将当前正在查看的网页设置为脱机浏览网页，具体的操作步骤如下。

① 选择【收藏】➤【添加到收藏夹】菜单项，弹出【添加到收藏夹】对话框，选中【允许脱机使用】复选框。

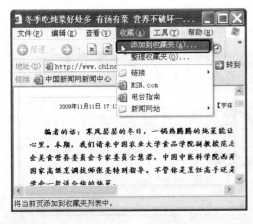
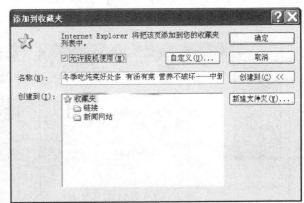

② 单击 新建文件夹(M)... 按钮，弹出【新建文件夹】对话框，在【文件夹名称】文本框中输入"养生保健"。

③ 设置完毕单击 确定 按钮，返回【添加到收藏夹】对话框。

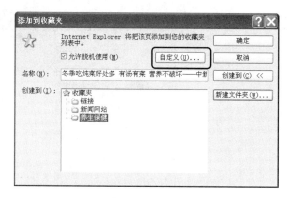

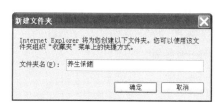

④ 单击 自定义(U)... 按钮，弹出【脱机收藏夹向导】对话框。

⑤ 单击 下一步(N) > 按钮，弹出【设置下面的网页：】界面，选中【是】单选钮，并在下方的【下载与该页链接的】微调框中设置下载与当前网页链接的网页的层数，这里在该微调框中输入"3"。

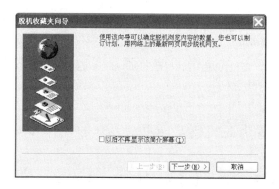

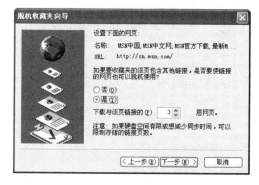

⑥ 单击 下一步(N) > 按钮，弹出【如何同步该页？】界面，选中【仅在执行"工具"菜单的"同步"命令时同步】单选钮。

⑦ 单击 下一步(N) > 按钮，弹出【该站点是否需要密码？】界面，选中【否】单选钮。

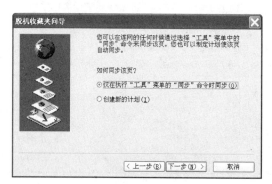

⑧ 单击 完成 按钮，返回【添加到收藏夹】对话框，单击右侧的 确定 按钮，弹出【正在同步】对话框，浏览器开始下载或者更新当前的网页，稍等片刻即可下载完毕并弹出【同步已完成】对话框，提示用户已将网页中的内容下载到本地电脑中。

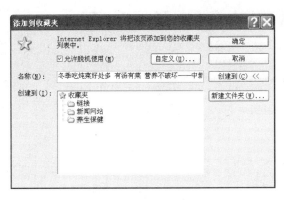

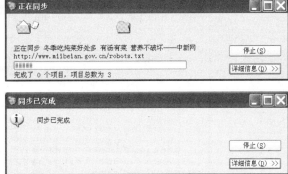

⑨ 此时在上不了网的情况下启动 IE 浏览器，然后选择【文件】➢【脱机工作】菜单项。

⑩ 选择【收藏】➢【养生保健】➢【冬天吃炖菜好处多 有汤有菜 营养不破坏——中新网】菜单项。

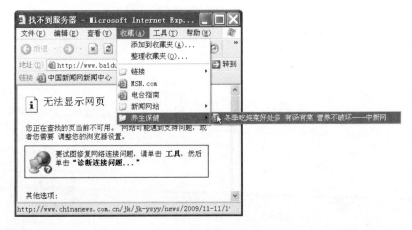

⑪ 此时即可在脱机状态下浏览该网页，并且在浏览器窗口的标题栏中会显示出"[脱机工作]"的字样。

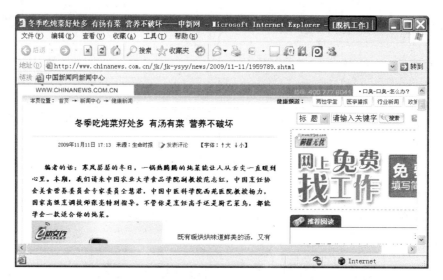

 练兵场　将美食天地首页添加到"常用网址"收藏夹中

按照 8.5 节介绍的方法，将美食天地首页添加到"常用网址"收藏夹中，操作过程可参见配套光盘\练兵场\将美食天地首页添加到"常用网址"收藏夹中。

第9章

网上搜索和下载

爷爷想查找一些有关晨练的相关知识，小月告诉他网络提供了很多这方面的信息，他可以在网上搜索一下。此外，他还可以利用网络下载有用的网络资源。下面就让我们来看看小月是怎么讲解的吧！

关于本章知识，本书配套教学光盘中有相关的多媒体教学视频，请读者参看光盘【网络学习真奇妙\网上搜索和下载】。

光盘链接

🚩 搜索信息

🚩 下载网络资源

9.1 搜索信息

　　熟悉了 IE 浏览器的各种基本操作之后，用户就可以在网上搜索各种自己感兴趣的信息了。

9.1.1 使用 IE 浏览器搜索信息

　　IE 浏览器提供有搜索功能，用户可以使用浏览器工具栏中的 🔍搜索 按钮搜索所需的信息或者网页。

　　下面以搜索与太极拳有关的信息为例进行介绍，具体的操作步骤如下。

① 启动 IE 浏览器，在浏览器窗口的工具栏中单击 🔍搜索 按钮即可在窗口的左侧打开【搜索】任务窗格。在【查找包含以下内容的网页：】文本框中输入与所要查找的信息有关的文本内容，这里输入"太极拳"，然后单击下方的 搜索 按钮。

② 此时系统即可开始搜索与"太极剑"有关的网页信息，搜索完毕会将搜索结果显示在【搜索】任务窗格中。搜索结果都是以超链接的形式列出的，将鼠标指针移至其中的某个搜索结果上，鼠标指针会变成"👆"形状，单击此搜索结果即可打开相应的链接。

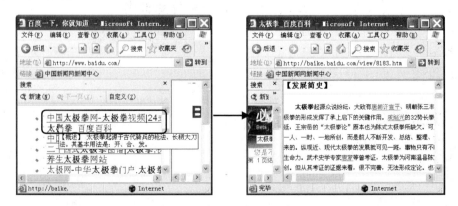

9.1.2　使用搜索引擎搜索信息

　　搜索引擎是一种服务器，它可以对网络上的信息进行搜索、整理和分类，然后将这些信息提供给用户查询。目前，很多网站都提供有搜索引擎，比较常用的搜索引擎主要有百度、Google 和搜狗等。本小节以百度搜索引擎为例进行介绍。

　　在百度中搜索晨练信息的具体操作步骤如下。

① 启动 IE 浏览器，在地址栏中输入百度搜索的网址"http://www.baidu.com/"，然后单击 ➡转到 按钮或者按下【Enter】键，弹出百度搜索引擎首页面。

② 在搜索文本框中输入与需要查找的内容相关的文本内容，这里输入"晨练"，然后单击右侧的 百度一下 按钮。

③ 此时搜索引擎开始搜索所有与"晨练"有关的信息，并将搜索到的含有"晨练"内容的所有网页以超级链接的形式列出来，单击列表中的任何一个链接即可打开该网页，例如单击【晨练_百度百科】链接。

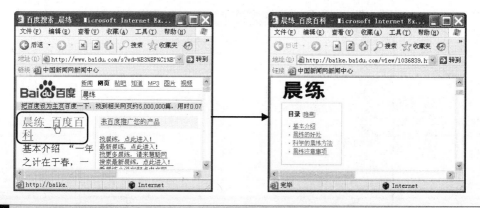

9.2　下载网络资源

　　用户不仅可以从网上查找所需要的信息，而且还可以从网上下载所需要的软件、歌曲和电影等资源，可以使用 IE 浏览器自带的下载功能直接下载，也可以使用专业的下载软件来下载资源。

9.2.1　使用 IE 浏览器下载

IE 浏览器具有自带的下载功能，用户在看到需要下载的资源时，如果没有专业的下载软件，则可以使用 IE 浏览器直接将其下载到本地电脑中。

下面以使用 IE 浏览器下载"大众保健菜谱"为例进行介绍，具体的操作步骤如下。

① 在网页中找到需要下载的资源，并且找到该资源的下载区，单击下载超级链接，这里在【大众保健菜谱】网页中单击 立即下载 按钮，弹出【文件下载】对话框。

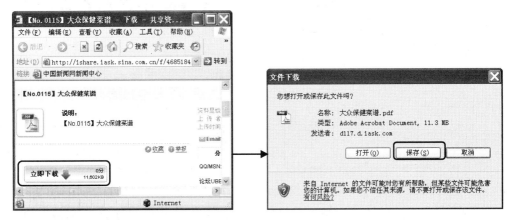

② 单击 保存(S) 按钮，弹出【另存为】对话框，设置大众保健菜谱的保存位置。

③ 设置完毕单击 保存(S) 按钮即可开始下载，下载完毕即可在保存位置看到刚刚下载的大众保健菜谱。

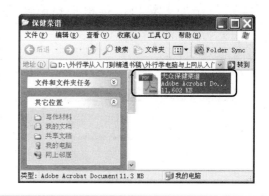

9.2.2　使用下载软件下载

使用浏览器下载网络资源的速度比较慢，而且在发生网络故障时还需要重新开始下载。为了提高下载的速度，用户可以使用专业的下载软件下载网络资源，目前比较常用的专业下载软件主要有迅雷、网络蚂蚁 NetAnts、网际快车 FlashGet 以及电驴等。本小节以迅雷为例进行介绍。

1.　下载与安装迅雷

要想使用迅雷下载网络资源，首先需要将其下载和安装到自己的电脑上。

● 下载迅雷安装程序

用户可以到迅雷的官方网站"http://www.xunlei.com/"下载迅雷的安装程序，下载方法与 9.2.1 小节所述类似，在此不再赘述。

● 安装迅雷

接下来就可以将迅雷安装到自己的电脑上，具体的操作步骤如下。

① 双击迅雷安装程序图标，弹出【打开文件 - 安全警告】对话框。

② 单击 `运行(R)` 按钮，弹出【欢迎使用 迅雷5 安装向导】窗口。

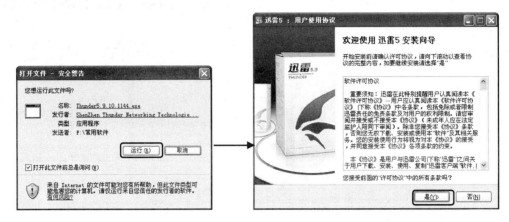

③ 单击 `是(Y)` 按钮，弹出【选择附加任务】窗口，单击 `更改` 按钮，弹出【浏览文件夹】对话框，从中设置迅雷的安装位置，或单击 `新建文件夹(M)` 按钮建立新的安装文件夹。

④ 设置完毕单击 `确定` 按钮，返回【选择附加任务】窗口，从中选择附加任务，设置完毕单击 `下一步(N)` 按钮，弹出【百度工具栏 轻松搜索，拦截广告！】窗口，撤选【安装百度工具栏】复选框。

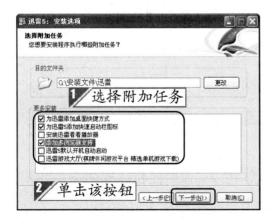
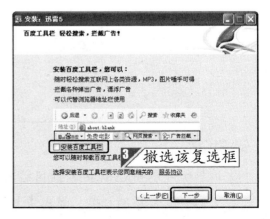

⑤ 设置完毕单击 下一步(N)› 按钮即可开始安装迅雷，安装完毕弹出【迅雷 5 安装程序已完成安装】窗口。

⑥ 用户可以根据实际需要进行设置，这里撤选【查看更新】、【启动迅雷 5】和【将迅雷看看设为首页】复选框，设置完毕单击 完成(F) 按钮即可。

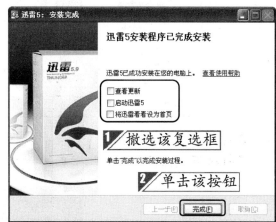

2. 使用迅雷下载网络资源

将迅雷下载和安装到自己的电脑上之后，用户就可以使用它下载网络资源了。

这里以下载腾讯 QQ 为例进行介绍，具体的操作步骤如下。

① 打开腾讯 QQ 官网的 QQ 安装程序下载页面，单击【下载】链接，弹出【欢迎使用迅雷 5】对话框。

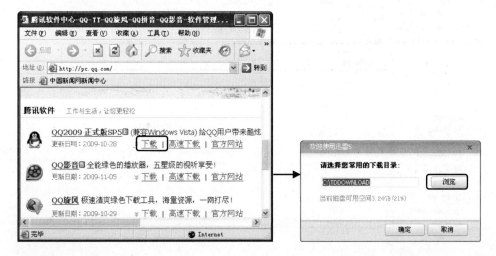

② 单击 浏览 按钮，弹出【浏览文件夹】对话框，从中设置下载目录，即要下载的网络资源的保存位置。

③ 设置完毕单击 确定 按钮，返回【欢迎使用迅雷 5】对话框。

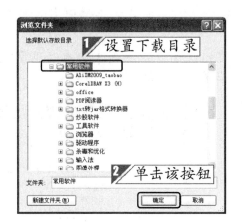

④ 单击 确定 按钮，弹出【建立新的下载任务】对话框，此时迅雷已经自动地建立了新的下载任务。

⑤ 单击 立即下载 按钮即可开始下载腾讯 QQ 安装程序。

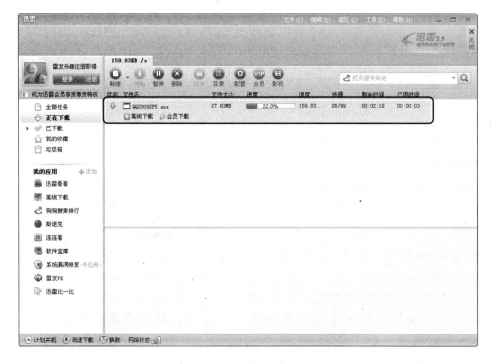

⑥ 下载完毕后，在左侧任务窗格中选择【已下载】选项，弹出【已下载】窗口，从中可以看到刚刚下载的腾讯 QQ 安装程序。

⑦ 在窗口中选择刚刚下载的腾讯 QQ 安装程序，然后单击鼠标右键，从弹出的快捷菜单中选择【打开文件夹】菜单项。

⑧ 此时即可看到刚刚下载的腾讯 QQ 安装程序。

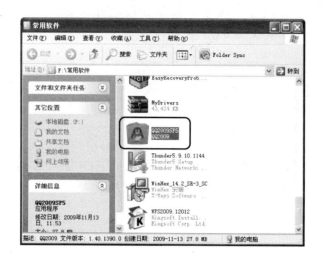

 练兵场　使用迅雷下载网络电视PPLive安装程序

按照 9.2.2 小节介绍的方法，使用迅雷下载网络电视 PPLive 的安装程序，操作过程可参见配套光盘\练兵场\使用迅雷下载网络电视 PPLive 安装程序。

第10章 穿越时空的交流

爷爷看到小月用电脑在网上跟同学噼里啪啦地聊天，很是羡慕。小月告诉爷爷，通过网络不仅可以查找自己所需的各种信息，还可以收发电子邮件，使用各种聊天工具与亲朋好友聊天，充分享受网络带来的无限乐趣。下面就让我们来看看小月是怎么讲解的吧！

关于本章知识，本书配套教学光盘中有相关的多媒体教学视频，请读者参看光盘【网络学习真奇妙\穿越时空的交流】。

- ⚑ 让"伊妹儿"为老友送祝福
- ⚑ 与老友网上聊天
- ⚑ MSN 联通国外亲友

光盘链接

10.1 让"伊妹儿"给老友送祝福

电子邮件又被称为"E-mail"或者"伊妹儿"，它是互联网上使用最广的服务。它与传统的邮件相比传输速度更快捷，而且价格更低，更加安全可靠。

10.1.1 申请免费电子邮件

在使用因特网收发电子邮件之前，首先要申请一个电子邮箱。目前很多网站都提供有免费的电子邮箱，比如网易、搜狐、雅虎和新浪等，用户可以从中任选一个网站来申请免费的电子邮箱。

下面以搜狐网为例，介绍一下申请免费电子邮箱的具体步骤。

① 启动 IE 浏览器，在地址栏中输入搜狐网的网址"http://www.sohu.com/"，然后按下【Enter】键打开搜狐首页面，接着在该网页中单击【注册】链接，弹出【搜狐通行证-新用户注册】页面，根据系统提示输入注册信息。

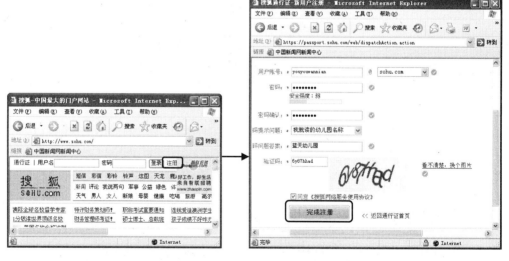

② 输入完毕单击 完成注册 按钮，弹出【注册成功】页面。

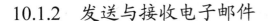
10.1.2　发送与接收电子邮件

电子邮箱申请成功之后即可使用它在网站中收发电子邮件了。

1.　编辑并发送电子邮件

下面以给在外地的老朋友发送一封电子邮件为例，介绍一下编辑并发送电子邮件的具体步骤。

① 启动 IE 浏览器，在地址栏中输入搜狐网的网址"http://www.sohu.com/"，然后按下【Enter】键打开搜狐首页面。分别在【用户名】和【密码】文本框中输入刚刚注册的用户名和登录密码。

② 输入完毕单击 登录 按钮，弹出【搜狐通行证】页面。

③ 单击【邮件】链接，弹出搜狐电子邮件页面。

④ 单击【写信】链接，弹出撰写电子邮件页面。

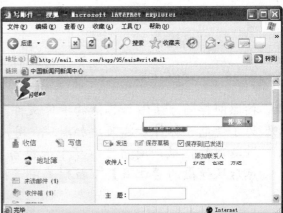

⑤ 在【收件人】文本框中输入收件人的电子邮箱地址，在【主题】文本框中输入电子邮件的主题，然后在【正文】文本框中输入电子邮件的正文。

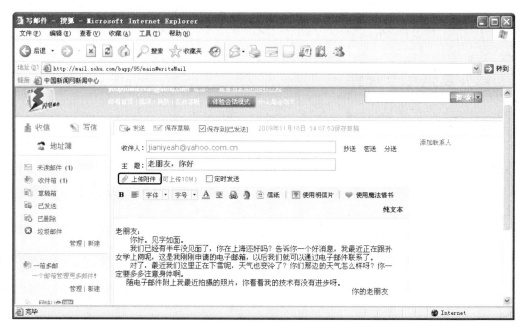

⑥ 单击【上传附件】链接，弹出【选择文件】对话框，从中选择要作为附件文件的文件。

⑦ 选择完毕单击 打开⑩ 按钮开始上传该附件文件，稍等片刻即可上传完毕。

⑧ 按照同样的方法添加其他的附件文件。

⑨ 为了使电子邮件看起来更加美观，用户还可以使用信纸，搜狐电子邮件自带了各种美丽的信纸，用户可以从中选择自己喜欢的。方法很简单，单击 信纸 按钮，然后从弹出的【信纸】下拉列表中选择合适的信纸样式。

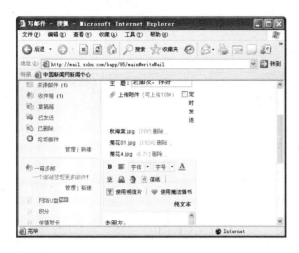

⑩ 此时设置效果如图所示。

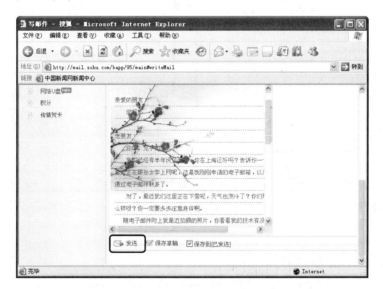

⑪ 设置完毕直接单击 发送 按钮即可发送电子邮件。

2. 接收与阅读电子邮件

接收电子邮件的具体步骤如下。

① 按照前面介绍的方法登录到电子邮箱页面，单击【收信】链接，弹出收件箱页面，从中可以看到接收到的电子邮件。

② 单击要阅读的电子邮件的主题即可弹出电子邮件阅读页面。

10.2 与老友网上聊天

网上聊天是用户在网上进行实时交流的一种方式，目前，许多网络服务商为用户提供了各种专门的聊天工具，本节主要介绍腾讯 QQ 的安装与使用。

10.2.1 下载与安装 QQ

在使用腾讯 QQ 聊天之前，首先需要将其下载和安装到自己的电脑上。

为了安全起见，建议读者到腾讯 QQ 官方下载网站（http://im.qq.com/）上将其下载到本地电脑上，软件的下载方法已经在 9.2.2 小节中介绍过。安装腾讯 QQ 的方法很简单，用户只需要按照提示一步步地进行操作即可，在此不再赘述。

10.2.2 申请与登录 QQ

如果用户是第一次使用 QQ 聊天软件，则必须首先申请一个 QQ 号码。目前主要有 3 种申请 QQ 号码的方法，分别是在腾讯 QQ 的软件中心网站上免费申请、拨打声讯电话申请和向 Esales 销售商申请，用户可以根据实际情况选择合适的方法申请属于自己的 QQ 号码。

1. 申请 QQ 号码

这里以在腾讯 QQ 的软件中心网站上申请免费的 QQ 号码为例进行介绍，具体的操作步骤如下。

① 启动 IE 浏览器，在地址栏中输入腾讯 QQ 的软件中心网站的网址 "http://id.qq.com/"，然后单击 🔲转到 按钮或者按下【Enter】键打开该网页。

② 单击【网页免费申请】组合框中的 立即申请 按钮，弹出【您想要申请哪一类账号】页面。

③ 用户可以根据自己的实际需要选择要申请的账号类型，这里选择申请 QQ 号码。单击【QQ 号码】链接，弹出填写注册信息页面，根据自己的实际需要填写用户申请资料。输入完毕单击 确定 并同意以下条款 按钮，弹出申请成功页面。

2. 登录 QQ

申请了 QQ 号码之后，接下来就可以登录了，具体的操作步骤如下。

① 选择【开始】➢【所有程序】➢【腾讯软件】➢【QQ 2009】➢【腾讯 QQ 2009】
菜单项启动腾讯 QQ，分别在【账号】和【密码】文本框中输入刚刚申请的 QQ
号码和登录密码。

② 输入完毕直接单击 登录 按钮即可。

10.2.3　查找与添加好友

用户初次登录新申请的 QQ 号时，在【我的好友】列表中将只显示用户自己
的头像，如果想与亲朋好友在 QQ 上聊天，就必须先查找和添加好友。

在 QQ 中查找与添加好友又分为两种情况，即查找并添加在线好友和精确查
找并添加好友。

● 查找并添加在线好友

查找并添加在线好友的具体步骤如下。

① 单击窗口底部的 查找按钮。随即弹出【查找联系人/群/企业】对话框，切换到【查
找联系人】选项卡中，选中【按条件查找】单选钮，从【国家】下拉列表中选择
【不限】选项，选中【在线】单选钮，然后单击 查找 按钮。

② 随即弹出查询结果对话框，从中列出了当前在线的 QQ 用户，用户可以根据自己的喜好选择喜欢的 QQ 用户，然后单击【加为好友】链接，弹出【添加好友】对话框，在【请输入验证信息】文本框中输入验证信息。

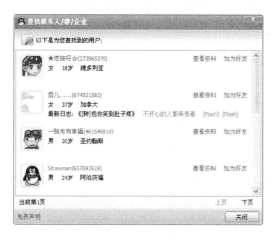

③ 输入完毕单击　确定　按钮，弹出添加请求发送成功对话框，如果对方同意请求，则会弹出添加成功对话框，直接单击　完成　按钮即可。

精确查找并添加好友

进行精确查找时，用户需要知道所要添加的好友的 QQ 账号或者 QQ 昵称，精确查找并添加好友的具体步骤如下。

① 单击 查找按钮，随即弹出【查找联系人/群/企业】对话框。切换到【查找联系人】选项卡，在【查找方式】组合框中选中【精确查找】单选钮，接着在下方的【账号】文本框中输入好友的账号，然后单击　查找　按钮，弹出查找结果对话框。

② 单击 添加好友 按钮，弹出【添加好友】对话框，在【请输入验证信息】文本框中输入验证信息，然后从【分组】下拉列表中选择【朋友】选项。

③ 输入完毕单击 确定 按钮，弹出添加请求发送成功对话框，如果对方同意请求，则会弹出添加成功对话框，直接单击 完成 按钮即可。

④ 返回 QQ 窗口，此时即可在【朋友】列表中显示出所添加的好友。在用户 QQ 窗口的好友列表中，如果好友在线，则其头像将呈彩色显示；如果好友不在线，则其头像将呈灰色显示。

该用户在线

该用户不在线

10.2.4　收发信息

添加了好友之后，就可以与好友聊天了，收发信息是与好友进行聊天最常用的方法。

① 在 QQ 窗口的好友列表中双击需要进行聊天的好友的头像，例如这里双击好友"天竺葵"。

② 随即弹出与【天竺葵】交谈对话框，在聊天窗口中输入想要说的话，然后单击窗口下方的 发送(S) 按钮或者按下【Ctrl】+【Enter】组合键。

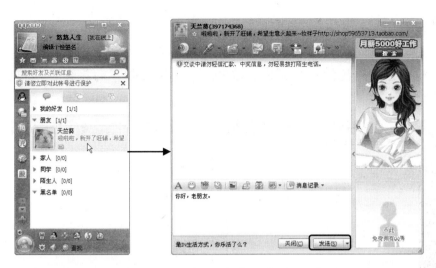

③ 此时即可将所输入的信息发送给对方，并且会在用户自己的聊天记录窗口中显示出所发送的信息。

④ 好友收到用户所发送的信息之后会回复信息，当用户收到好友的信息之后，系统音箱中会发出"嘀嘀"的声音，提示用户收到信息，并且会在用户的聊天窗口中显示出好友所回复的信息。

10.2.5　语音与视频聊天

如果用户与 QQ 好友都安装了最新版本的 QQ 软件，并且都装有摄像头，那么在使用 QQ 聊天时，用户不仅可以与好友进行语音聊天，而且还可以进行视频聊天。

● 安装摄像头

在进行语音和视频聊天之前首先要将摄像头和电脑连接起来，并且安装摄像头驱动程序。具体的操作步骤如下。

① 将摄像头连接到电脑上之后，随即弹出【找到新的硬件向导】对话框。

② 将摄像头的安装光盘插入光驱中，单击 下一步(N) > 按钮，向导会自动搜索摄像头的驱动程序。

③ 向导搜索到摄像头驱动后会弹出【硬件安装】对话框，提示用户正在安装的软件没有通过 Windows 徽标测试，不能验证它和 Windows XP 的相容性，单击 仍然继续(C) 按钮继续安装即可。此时安装向导开始安装摄像头驱动程序。

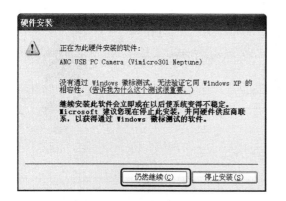 

④ 安装完后【找到新的硬件向导】对话框中会提示该向导已经完成了摄像头的驱动安装。单击 完成 按钮后，通知区域会提示新硬件已可以使用。

语音和视频聊天

接下来用户就可以与好友进行语音和视频聊天了，具体的操作步骤如下。

① 按照前面介绍的方法打开与好友聊天窗口，然后单击窗口上方的【开始视频会话】按钮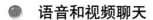。

② 此时即可向好友发送视频聊天的请求，稍候待好友接受视频聊天后，聊天窗口中会提示"连接已建立"。

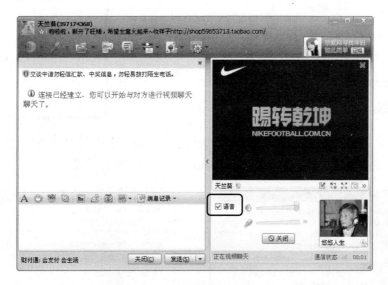

小提示　如果用户想在与好友进行视频聊天的同时，也进行语音聊天，则需要选中【语音】复选框。

10.3 MSN联通国外亲友

目前 QQ 在国外的使用还不是很普遍，若想与海外的亲友进行网上聊天可以使用美国微软公司出品的 MSN 即时消息软件。

10.3.1　注册与登录 MSN

与腾讯 QQ 类似，用户在使用 MSN 聊天之前，首先需要进行注册和登录。

注册与登录 MSN 的具体操作步骤如下。

① 选择【开始】▶【所有程序】▶【Windows Messenger】菜单项，弹出【Windows【Windows Messenger】窗口。

② 随即弹出【将.NET Passport 添加到 Windows XP 用户账户】对话框。

③ 单击 下一步(N) ＞按钮，弹出【正在从 Internet 下载信息...】对话框。

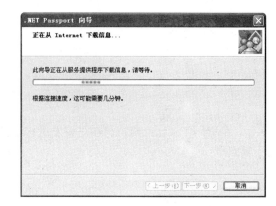

④ 稍后弹出【有电子邮件地址吗？】对话框，选中【没有，注册一个免费的 MSN Hotmail 电子邮件地址】单选钮。

⑤ 单击 下一步(N) > 按钮，弹出【注册 MSN Hotmail】对话框。

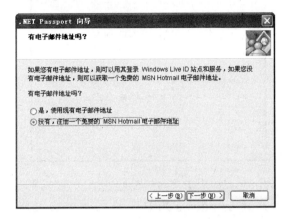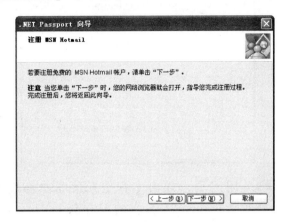

⑥ 单击 下一步(N) > 按钮，弹出【注册】网页。在【创建电子邮件地址】组合框中的【电子邮件地址】文本框中输入要创建的邮件地址。

⑦ 单击 确定帐户未被使用 按钮检测账户是否已被人使用。

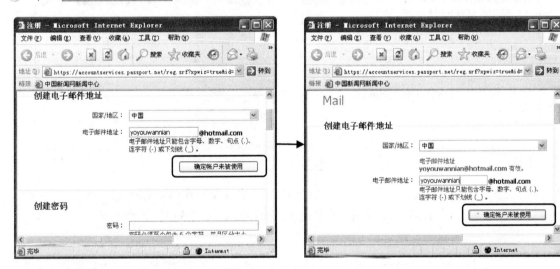

小提示 如果输入的账户名已经被别人占用，则会给出账户名无效的提示，此时需要再次输入其他的账户名，并进行再次检测，直至账户名可用为止。

⑧ 根据系统提示依次填写密码、重设密码选项、账户信息及验证码。

⑨ 输入完毕单击 接受 按钮，网页中会提示电子邮箱已可以使用提示。

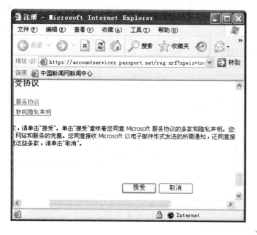 

⑩ 关闭网页，弹出【希望在此账户和您的 Windows 用户账户之间建立关联吗？】
对话框，选中【在我的 Windows Live ID 账户和 Windows 用户账户之间建立关联】
复选框。

⑪ 单击 下一步(N)> 按钮，弹出【已就绪！】对话框，直接单击 完成 按钮即可。

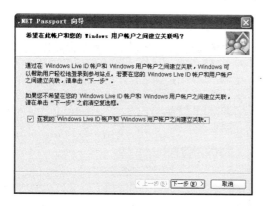 

⑫ 随即弹出【正在登录】窗口，首次登录会弹出【Windows Messenger-显示名称】
对话框，在【显示名称】文本框中输入想让联系人看到的你的名称。

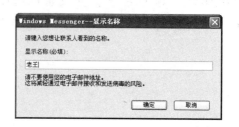

⑬ 输入完毕单击 <u>　确定　</u> 按钮即可登录 MSN，打开 MSN 窗口。

10.3.2　添加联系人

添加联系人需要知道对方的电子邮件地址进行添加。

添加联系人的具体操作步骤如下。

① 单击 MSN 窗口下方的【添加联系人】文字链接，弹出【添加联系人】对话框，选中【使用电子邮件地址或登录名】单选钮。

 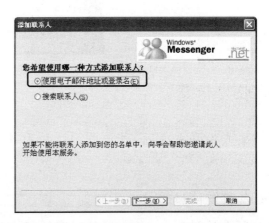

② 单击 <u>下一步(N) ></u> 按钮，弹出【您的联系人所使用的服务是什么】对话框，在【请输入联系人的电子邮件地址】文本框中输入联系人的电子邮件地址。

③ 输入完毕单击 <u>下一步(N) ></u> 按钮，提示联系人已被添加到列表中，可在对话框中【添加新的联系人到此组】列表中选择联系人所在的组。

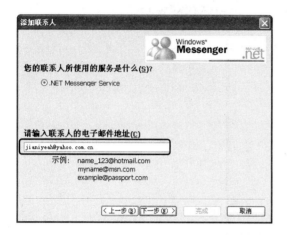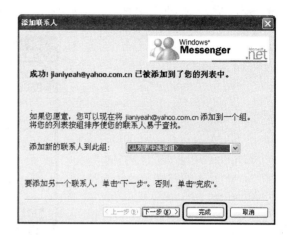

④ 单击　　完成　　按钮，此时联系人已添加到 MSN 窗口中。

10.3.3　收发信息

添加某人为联系人后，若该联系人为联机状态就可以和该联系人相互发送即时信息。

与好友收发信息的具体步骤如下。

① 选中要联系的联系人，单击 MSN 窗口下方的【发送即时消息】文字链接。
② 随即弹出【发送即时消息】对话框。

小提示　如果联系人不在线则处于脱机状态，此时不能与联系人进行收发信息，只能发送电子邮件。

 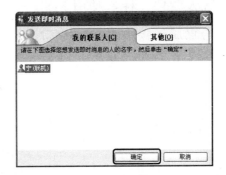

③ 单击 ▭ 确定 ▭ 按钮，弹出对话窗口。

④ 在对话窗口下方的文本框中输入要发送的信息。

 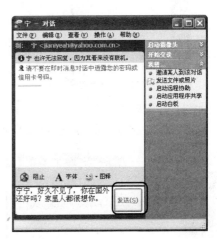

⑤ 单击【发送】按钮 发送(S) 发送输入的文字信息。

⑥ 已发送的信息和接收的信息显示在窗口中间的文本框中。

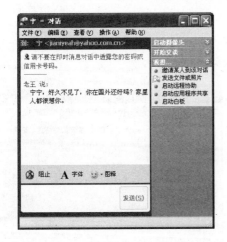 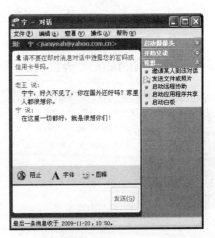

10.3.4　语音与视频聊天

和 QQ 聊天软件一样，使用 MSN 软件也可以进行语音视频聊天。

① 将摄像头与电脑连接，然后在 MSN 窗口中选择【工具】➤【音频调节向导】菜单项，弹出【音频和视频调节向导】对话框。

 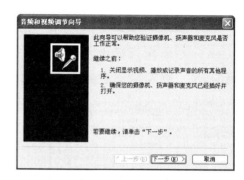

② 单击 下一步(N) > 按钮，在【摄像机】下拉列表中选择合适的列表项。

③ 单击 下一步(N) > 按钮，根据对话框中的摄像头预览调整摄像头位置及光距。

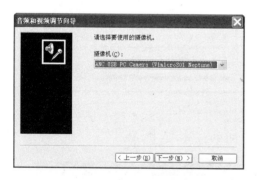 

④ 单击 下一步(N) > 按钮，按照提示调整扬声器和麦克风。

⑤ 单击 下一步(N) > 按钮在对话框的列表中设置话筒和扬声器。

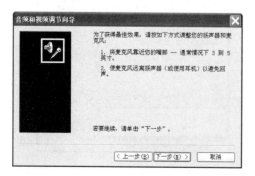 

⑥ 单击 下一步(N) > 按钮，然后在打开的对话框中单击 单击测试扬声器(T) 按钮测试扬声器。

⑦ 单击 下一步(N) > 按钮测试麦克风音量。

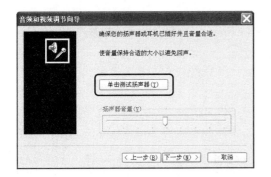 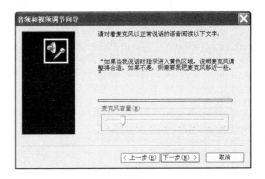

⑧ 单击 下一步(N) > 按钮，当界面中出现"已经运行完毕"的提示信息时单击 完成 按钮即可完成视频及音频设备的调节。

⑨ 选择对话窗口右侧【启动摄像头】选项。

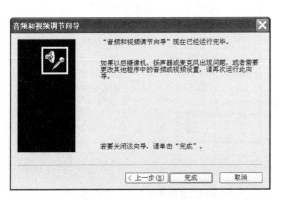 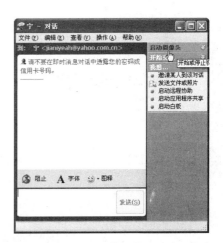

⑩ 待对方接受请求后即可开始语音视频聊天，也可单击窗口内的【取消（Alt+Q）该文字链接】取消语音视频聊天请求。

10.3.5 发送文件

除发送信息和语音视频聊天外，用户还可以使用 MSN 与联系人相互发送各种格式的文件，例如照片、音乐等。

发送文件的具体步骤如下。

① 选中要发送文件的联系人，然后单击鼠标右键，从弹出的快捷菜单中选择【发送文件或照片】菜单项。

② 随即弹出【发送文件给 宁】对话框，从中选择要发送的照片文件，选择完毕直接单击 打开(O) 按钮即可。

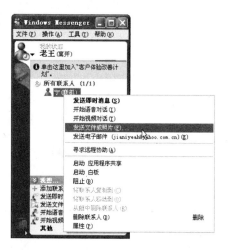

 练兵场　使用MSN发送照片给自己的孩子

按照 10.3.5 小节介绍的方法，使用 MSN 将自己的照片发送给自己的孩子，操作过程可参见配套光盘\练兵场\使用 MSN 发送照片给自己的孩子。

第11章　网上觅知音——论坛与博客

小月告诉爷爷，随着 Internet 的发展与普及，现在越来越多的人们习惯在论坛交流问题、探讨心得；在博客上发表日志记录每天的心情，从而结识很多五湖四海的朋友。下面就让我们来看看小月是怎么讲解的吧！

关于本章知识，本书配套教学光盘中有相关的多媒体教学视频，请读者参看光盘【网络学习真奇妙\网上觅知音——论坛与博客】。

光盘链接

- 畅游老年人论坛
- 拥有自己的博客

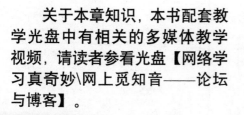

11.1 畅游老年人论坛

论坛也被称为 BBS（Bulletin Board System 公告板系统），用户可以在上面发布信息或提出看法。

11.1.1 注册与登录论坛

在论坛中需要先注册成为论坛的会员，才能登录论坛发表帖子，或回复他人发表的帖子。本小节以老小孩-中老年人论坛（http://club.oldkids.cn/main.bbscs）为例介绍。

注册与登录论坛的具体步骤如下。

① 打开 IE 浏览器，在地址栏中输入老小孩-中老年人论坛的网址"http://club.oldkids.cn/main.bbscs"，然后按下【Enter】键打开该网站。

② 单击【注册】链接，弹出【用户注册之— 选择用户名】页面，在【请输入您在新网站的用户名】文本框中输入要注册的用户名，单击 确认 按钮，弹出填写注册信息页面。

③ 输入完毕单击 下一步 按钮，弹出【用户注册之—个人资料确认】页面，单击 下一步 按钮即可，弹出【用户注册—注册完成】页面。

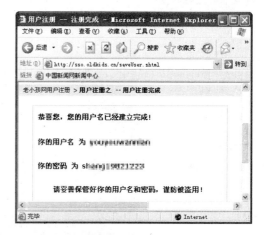

④ 按照前面介绍的方法打开老小孩-中老年人论坛首页面。

⑤ 单击【登录】链接，弹出【用户登录：请输入您的账号和密码】页面，分别在【账号】和【密码】文本框中输入刚刚注册的用户名和登录密码，单击 登录 按钮即可登录该论坛。

11.1.2 修改个人资料

注册与登录论坛之后，用户还可以修改论坛中的个人资料，例如修改个人签名、更改头像。

修改个人资料的具体步骤如下。

① 按照前面介绍的方法登录到老小孩-中老年人论坛中，然后选择左侧的【个人中心】选项将其展开。

② 单击【修改签名】链接，在右侧窗格中单击【签名 A】下方的【这家伙很懒，什么也没留下:】文字链接，然后在下方的【修改签名】文本框中输入个性签名。

③ 输入完毕单击 保存签名 按钮，弹出【签名保存成功】对话框，直接单击 确定 按钮即可。

④ 在左侧窗格中单击【编辑头像】文字链接。

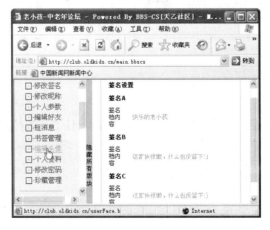

⑤ 随即弹出编辑头像页面。

⑥　单击 [浏览...] 按钮，弹出【选择文件】对话框，从中选择要设置为头像的图片文件。

⑦　选择完毕单击 [打开⑩] 按钮，返回【编辑头像】页面。

⑧　单击 [上传] 按钮即可将选择的图片文件上传为论坛头像。

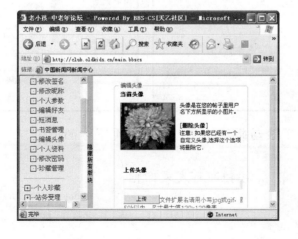

11.1.3 看帖与回帖

注册成功并登录论坛后，用户就可以选择自己感兴趣的帖子进行阅读和回复了。

看帖和回帖的具体步骤如下。

① 按照前面介绍的方法登录到老小孩-中老年人论坛中，在左侧窗格中单击【健康之家】文字链接，弹出【健康之家】窗格。

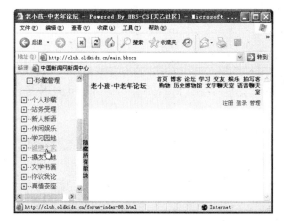 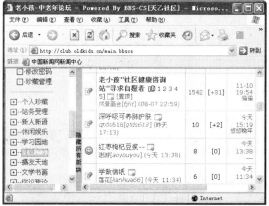

② 从中列出了论坛网友发布的各种帖子，用户可以根据自己的喜好选择要阅读的帖子。单击帖子主题即可打开阅读帖子窗口。

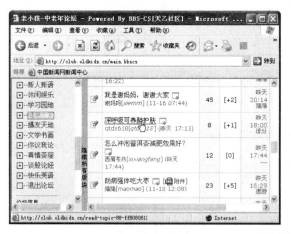 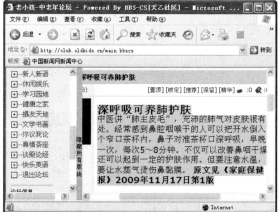

③ 使用鼠标滚轮向下滚动阅读帖子，可在网页下方的【内容】文本框中输入要回复的信息。

④ 输入完毕单击 发表 按钮即可发表回帖。

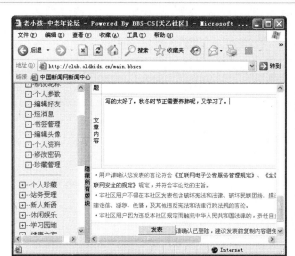
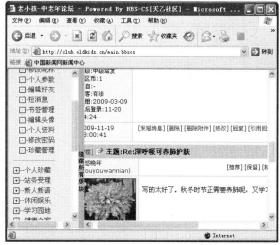

11.1.4　发表新帖

除了阅读和回复帖子之外，用户还可以发表新帖。

发表新帖的具体步骤如下。

① 按照前面介绍的方法登录到老小孩-中老年人论坛中，切换到【健康之家】版块，然后单击网页中的【发表新帖】文字链接。

② 随即弹出发表新帖页面，在【文章标题】文本框中输入文章标题，在【版权声明】组合框中选中【普通】单选钮。

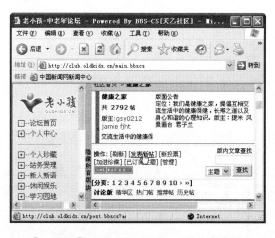
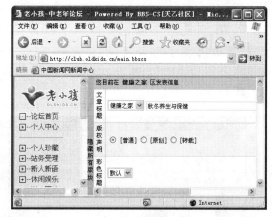

③ 在【内容】文本框中输入帖子内容。

④ 按下【Ctrl】+【A】组合键，选中帖子全文，然后根据实际需要利用文本格式设置工具设置文本格式。

⑤ 设置完毕单击 ▢ 发表 按钮，此时可以看到刚刚发表的帖子。

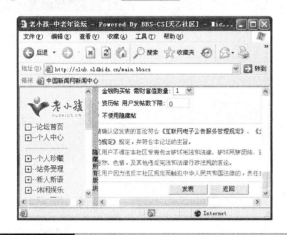

11.2 拥有自己的博客

博客是 Blog（网络日志）的中文音译，用户可以在博客中发表自己的个人日志、心得体会、情感记录等。

11.2.1 注册博客

要使用博客，首先要在博客网站上进行注册，本小节以网易博客为例进行介绍。

注册博客的具体步骤如下。

① 在 IE 浏览器地址栏中输入【网易博客】网站的网址"http://blog.163.com/"，弹出【网易博客】网站首页。

② 单击网页右侧【网易通行证】中的【立即注册】文字链接，弹出网易通行证注册页面。

③ 在【通行证用户名】文本框中输入用户名，系统会自动检测用户名是否已被注册。
若系统检测到用户名已被注册可尝试换一个用户名进行注册，直至用户名可用。

④ 根据系统提示填写下面的注册信息。填写完毕后单击页面下方的 ☐ 下一步 ☐ 按
钮，然后在弹出的页面中的【给您的博客起个名字】文本框中输入博客的名字。

⑤ 输入完毕单击 激活博客 按钮，弹出设置头像页面，单击 浏览... 按钮，从弹出的【选
择文件】对话框中选择要作为头像的图片文件。

⑥ 选择完毕单击 打开(0) 按钮，返回设置头像页面，单击 上传 按钮即可将选择的图片上传为头像，通过拖动下方的滑块调整头像的显示大小。

⑦ 设置完毕单击 保存头像 按钮，弹出完善资料页面，根据系统提示输入个人资料。

⑧ 输入完毕单击 下一步 按钮，弹出选择博客模板页面，从中选择喜欢的模板。

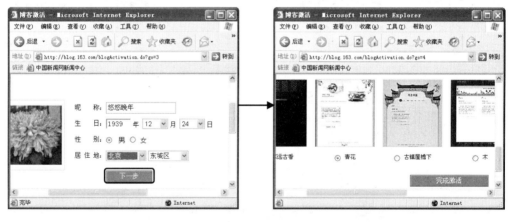

⑨ 选择完毕单击 完成激活 按钮即可。

11.2.2　发表与管理网络日志

拥有了自己的博客之后，用户就可以发表和管理网络日志了。

● 发表网络日志

发表网络日志的具体步骤如下。

① 登录到网易博客中，然后单击【写日志】文字链接。

② 随即弹出【写日志】页面，分别输入网络日志的标题和正文，并利用上方的文本编辑工具设置日志文本格式。

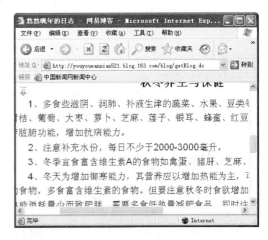

③ 设置完毕单击 发表日志 按钮，日志发表后会自动跳转到新发表的日志页面。

● 管理网络日志

在博客首页日志列表中每一篇日志下方都有【编辑】和【删除】文字链接，用户可通过这些链接管理已发表的日志。

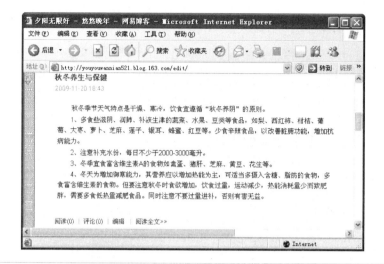

11.2.3　浏览和评论他人博客

除发表和管理日志外，用户还可浏览和评论他人博客。

1.　浏览他人博客

浏览他人博客的具体步骤如下。

① 用户可以通过自己的博客中的链接访问他人博客，例如单击【留言】版块中的博友链接"真实的我"。

② 随即弹出"真实的我"的博客首页。

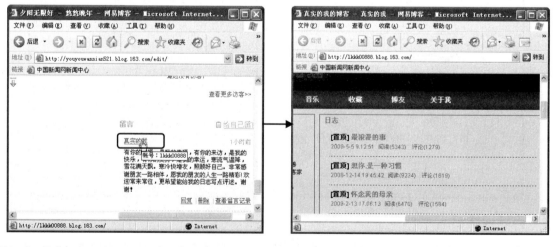

③ 在博客的右侧列出了该博友撰写的网络日志，将鼠标指针移动到日志标题上，此时鼠标指针变成 🖑 形状，单击即可弹出阅读网络日志页面。

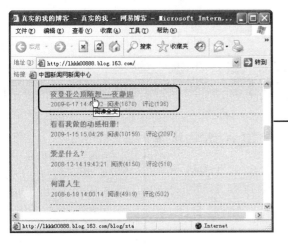
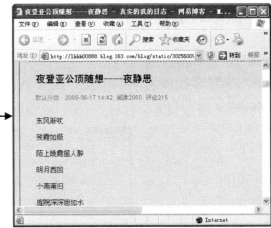

④ 用户也可以通过搜索功能浏览感兴趣的博友的博客，按照前面介绍的方法登录到
网易博客首页面，从中设置搜索条件。

⑤ 设置完毕单击 找朋友 按钮，弹出搜索结果页面。

⑥ 从中选择感兴趣的博友，单击其用户名下方的【日志】链接，即可进入其博客网
络日志页面。从中选择感兴趣的网络日志，然后单击其下方的【阅读全文】链接
即可进入阅读网络日志页面。

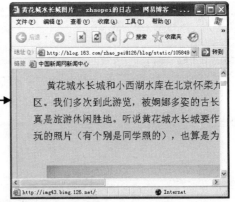

2. 评论他人日志

阅读了别人的网络日志之后，还可以对其进行评论。方法很简单，通过拖动窗口右侧的垂直滚动条浏览日志，在【评论】文本框中输入评论内容，然后单击 发表 按钮即可。

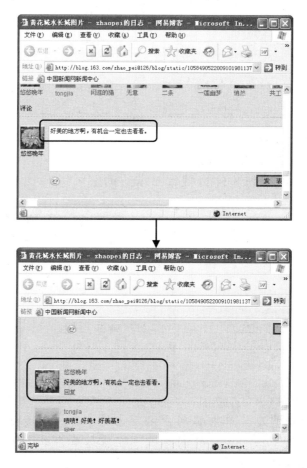

 练兵场 在博客中创建一篇新日志

按照 11.2.2 小节介绍的方法，在博客中创建一篇新日志，操作过程可参见配套光盘\练兵场\在博客中创建一篇新日志。

第12章　网上娱乐乐翻天

　　小月告诉爷爷，他除了可以在与老朋友收发电子邮件、网上聊天交友、进入论坛和发表网络日志之外，还可以在网上听音乐、看电视和打游戏呢。下面就让我们来看看小月是怎么讲解的吧！

　　关于本章知识，本书配套教学光盘中有相关的多媒体教学视频，请读者参看光盘【网络学习真奇妙\网上娱乐乐翻天】。

🏴 尽享网上音乐盛宴

🏴 精彩剧情我来看

🏴 网络游戏大挑战

光盘链接

12.1 尽享网上音乐盛宴

随着互联网和多媒体的发展，现在越来越多人的喜欢在网上听音乐，所以很多音乐网站也就应运而生了。

12.1.1 注册与登录音乐网站

目前有很多网站都提供在线播放音乐的服务，例如雅虎音乐、搜狗音乐、九酷音乐网、星星音乐谷等。本小节以九酷音乐网为例进行介绍。

注册并登录音乐网站的具体步骤如下。

① 打开 IE 浏览器，在地址栏中输入九酷音乐网的网址"http://www.9ku.com/"，然后按下【Enter】键，弹出九酷音乐网网站首页。

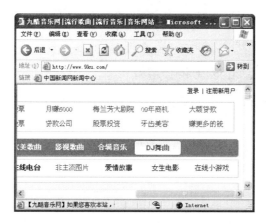

② 在该网页右上方单击【注册新用户】链接，在弹出的【新账号注册】页面中输入注册信息。输入完毕直接单击 注册 按钮即可。

③ 按照前面介绍的方法打开九酷音乐网网站首页，然后单击网页右侧的【登录】链接。

④ 随即弹出【已有账号，请在这里登录】页面，分别在【用户名】和【密码】文本框中输入刚刚注册的用户名和登录密码。

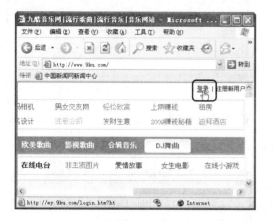 

⑤ 输入完毕直接单击 登录 按钮即可。

12.1.2　播放并收藏歌曲

注册和登录了九酷音乐网之后，就可以开始选听音乐了，此外，用户还可以将自己喜欢的歌曲收藏起来。

播放并收藏歌曲的具体步骤如下。

① 在导航栏中单击【经典老歌】文字链接，弹出【难忘老歌歌曲】网页。

② 在该网页的歌曲列表中选中想听歌曲后面的复选框，如选中歌曲【再回首】和【甜蜜蜜】的复选框。

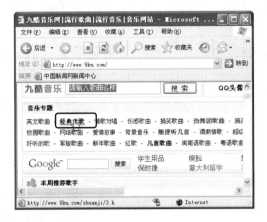 

③ 单击 ▶选择歌曲后点击这里播放 按钮播放所选歌曲。

④ 用户还可以将经常听的歌曲收藏到自己的音乐盒中，单击【收藏】按钮⊞，弹出选择分类页面。

⑤ 单击【新建分类】链接，弹出新建分类页面，在【将所选歌曲收藏至新建的分类】文本框中输入要新建的分类的名称"经典老歌"。

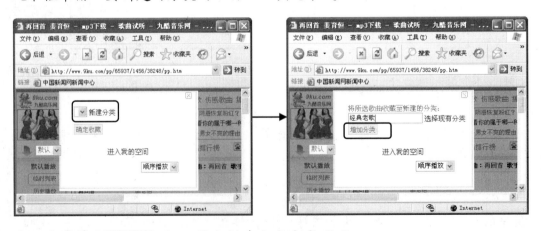

⑥ 输入完毕单击 增加分类 按钮，弹出新建分类完成页面。

(7) 单击 确定收藏 按钮，弹出收藏成功页面。

12.2 精彩剧情我来看

随着网络时代的来临,越来越多的人已经不再单纯地依赖电视机来观看电视节目了，而是通过在线视频网站随心所欲地观看自己喜爱的节目。

12.2.1 在线影视

现在提供在线视频服务的网站有很多，例如土豆网、酷 6 网、56 视频和新华视频网等。本小节以土豆网为例进行介绍。

1. 注册并登录土豆网

要在土豆网上收看电视节目，首先需要注册并登录到土豆网，具体的操作步骤如下。

(1) 打开 IE 浏览器，在地址栏中输入土豆网的网址 "http://www.tudou.com/"，然后按下【Enter】键，弹出土豆网首页面。

 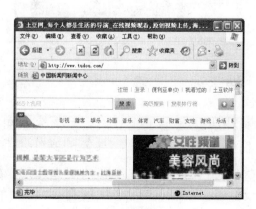

② 单击网页上方的【注册】文字链接，弹出【注册成为新土豆】网页，根据系统提示输入用户注册信息。

③ 选中【同意账号使用协议？】右侧的【同意】单选钮，设置完毕单击 完成注册 按钮即可。

 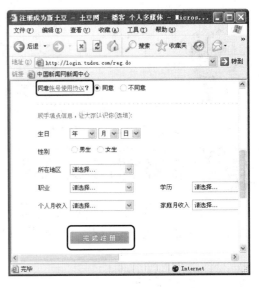

④ 按照前面介绍的方法打开土豆网首页面，单击【登录】链接，弹出【登录到土豆】页面。

⑤ 分别在【Email】和【密码】文本框中输入刚刚注册的电子邮箱和登录密码，输入完毕直接单击 登录 按钮即可。

2. 搜索观看视频

注册并登录了土豆网，接下来就可以搜索观看视频了。这里以观看豫剧"打金枝"为例进行介绍，具体的操作步骤如下。

① 按照前面介绍的方法登录到土豆网，在视频搜索文本框中输入要搜索的视频的名称，这里输入"打金枝豫剧"，然后单击 搜索 按钮，弹出搜索结果页面。

② 从中列出了土豆网提供的所有有关"打金枝豫剧"的视频信息，从中选择合适的，然后单击【开始播放】超链接即可开始播放。

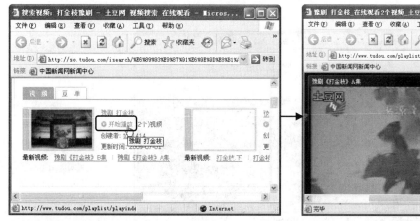

3. 收藏视频

在观看视频的过程中，用户还可以将喜欢的视频收藏起来。方法很简单，直接单击 收藏 按钮即可。

12.2.2　网络电视 PPLive

PPLive 是互联网上大规模视频直播的共享软件之一，它在国内有着较高的知名度及庞大的用户群。该软件采用网状模型，有效地解决了网络视频点播服务的有限性。

1. 下载与安装 PPlive

要想使用 PPlive 观看电视节目，首先需要将其下载和安装到自己的电脑上。

● 下载 PPLive 安装程序

为了安全起见，建议用户到 PPLive 的官网"http://www.pplive.com/"下载相应的安装程序。

● 安装 PPLive

安装 PPLive 的具体步骤如下。

(1) 双击 PPLive 安装程序图标🔵，弹出【欢迎使用 PPLive 网络电视安装向导】窗口。

(2) 单击 下一步(N) 按钮，弹出【在安装开始前，请阅读用户协议】窗口。

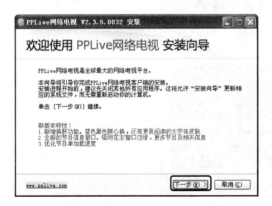 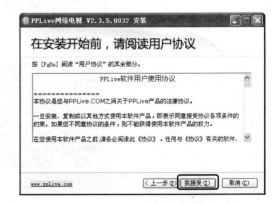

③ 单击 我接受(I) 按钮，弹出【选择安装位置】窗口。单击 浏览(B)... 按钮，弹出【浏览文件夹】对话框，从中设置网络电视 PPLive 的安装位置。

④ 设置完毕单击 确定 按钮，返回【选择安装位置】窗口。

⑤ 单击 安装(I) 按钮即可开始安装网络电视 PPLive。

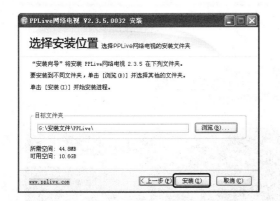
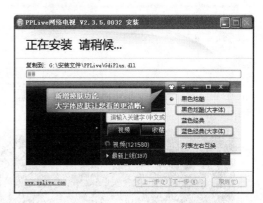

⑥ 稍等片刻安装完毕，弹出【PPlive 网络电视安装已完成！】窗口，然后根据自己的实际需要进行设置，在此撤选所有复选框。

⑦ 设置完毕单击 下一步(N) > 按钮，弹出【百度工具栏 轻松搜索 拦截广告！】窗口，撤选【安装百度工具栏】复选框，然后直接单击 关闭(L) 按钮即可。

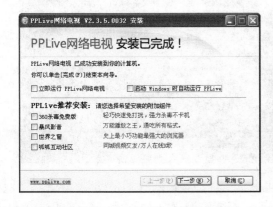
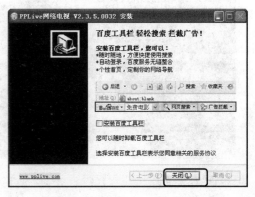

2. 播放电视节目

安装好 PPLive 播放软件后就可以使用该软件来收看自己喜欢的节目了。具体的操作步骤如下。

① 单击 <kbd>开始</kbd> 按钮，从弹出的【开始】菜单中选择【所有程序】▷【PPLive】▷【PPLive 网络电视】菜单项启动 PPLive。

② 在界面右侧的【频道】列表中单击【电视剧集】选项，将其展开，接着展开【内地剧集】选项，从展开的列表中双击节目《三国演义（央视版）》即可进行观看。

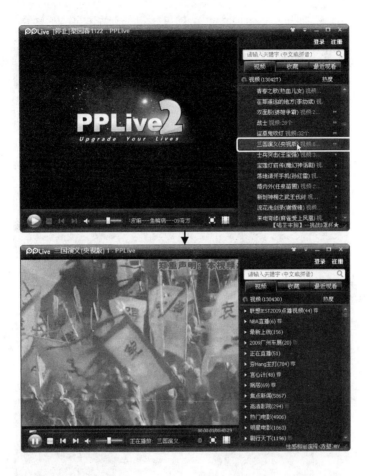

3. 收藏电视节目

收藏电视节目的具体步骤如下。

① 在右侧的节目列表中选择要收藏的电视节目，单击鼠标右键，从弹出的快捷菜单中选择【加入收藏】菜单项。

② 切换到【收藏】选项卡，此时即可看到已经将该节目收藏起来了。

4. 搜索电视节目

搜索电视节目的方法也很简单，在窗口右侧的文本框中输入要搜索的电视节目的名称，此时在下方的列表中会显示相应的视频信息。

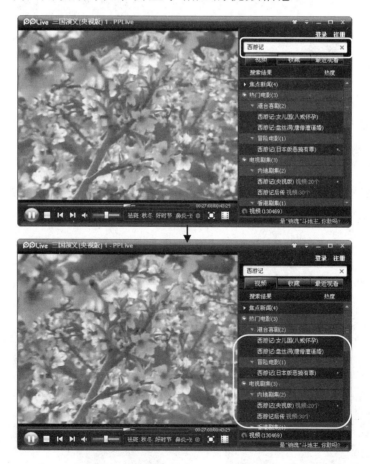

12.3 网络游戏大挑战

　　网络游戏就是以网络为载体，能同时支持多人一起参与的游戏。老年人一般可以参与网络休闲游戏。本节主要介绍 QQ 游戏大厅和联众游戏大厅。

12.3.1 QQ 游戏大厅

　　QQ 游戏大厅是腾讯公司推出的网络游戏，拥有庞大的用户群。

1. 在线安装 QQ 游戏大厅

　　用户要想使用 QQ 游戏大厅，首先需要将其安装到自己的电脑上，具体的操作步骤如下。

① 按照前面介绍的方法登录到腾讯 QQ，然后单击窗口下方的【QQ 游戏】按钮，弹出【欢迎使用 QQ 游戏，请先安装或升级。】对话框。

② 单击 安装 按钮即可开始下载 QQ 游戏安装包，稍等片刻下载完毕会弹出【欢迎使用 "QQ 游戏 2009Beta6Patch2" 安装向导】窗口。

③ 单击 下一步(N) 按钮，弹出【许可证协议】窗口。

④ 单击 我接受(I) 按钮，弹出【选择安装位置】窗口。

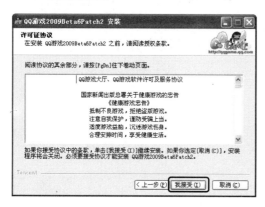 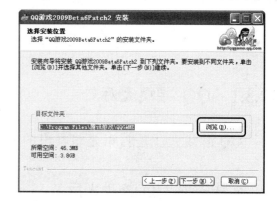

⑤ 单击 浏览(B)... 按钮，弹出【浏览文件夹】对话框，从中设置 QQ 游戏大厅的安装位置。

⑥ 设置完毕单击 确定 按钮，返回【选择安装位置】窗口。

 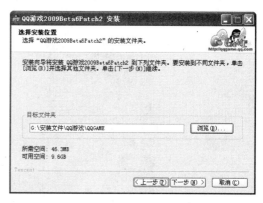

⑦ 单击 下一步(N) 按钮，弹出【安装选项】对话框，根据实际需要设置相应的安装选项。

⑧ 设置完毕单击 安装(I) 按钮即可开始安装 QQ 游戏大厅。

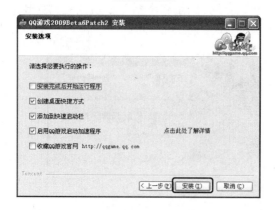 

⑨ 稍等片刻即可安装完毕并弹出【安装完成】窗口，直接单击 完成(L) 按钮即可。

2. 登录 QQ 游戏大厅

登录 QQ 游戏大厅的具体步骤如下。

① 双击桌面上的【QQ 游戏】图标 ，弹出【QQ 游戏 2009】对话框，分别在【账号】和【密码】文本框中输入 QQ 号码和密码。设置完毕单击 登 录 按钮，弹出【验证码】对话框，在【要登录大厅，请输入验证码:】文本框中输入验证码。

② 输入完毕直接单击 确定 按钮即可登录 QQ 游戏大厅。

3. 下载和安装游戏客户端

　　用户要想在 QQ 游戏大厅中玩某个游戏，还需要下载和安装这个游戏，这里以安装"中国象棋"为例进行介绍，具体的操作步骤如下。

① 在左侧的游戏列表中找到要安装的游戏"中国象棋"。

② 双击"中国象棋"选项，弹出【提示信息】对话框，单击 确定 按钮即可开始下载游戏安装文件。

③ 下载完毕即可开始安装游戏"中国象棋"，安装完毕弹出安装成功对话框，直接单击 确定 按钮开始游戏。

4. 与老朋友玩游戏

　　游戏安装好后就可以登录到游戏房间开始游戏了，如果想和自己的亲友一起游戏，只需告知亲友自己所在的游戏房间号和桌号，让亲友登录到该游戏房间就可以了。

① 依次展开【中国象棋】▷【电信专区】▷【普通场一区】选项。

② 从下方的游戏室列表中选择一个人数不满的游戏室双击进入（一个游戏室最多可以容纳 250 位玩家）。

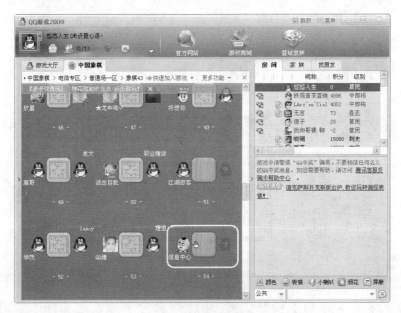

③ 进入游戏室后找一个有空位的桌，将鼠标指针移动到空位置上，此时鼠标指针变成 形状。

> 小提示 在此需要注意的是，最好选择一个已经准备好的玩家作为对手，此时他的头像旁边有个 " " 标识，这样可以更快地进入游戏。

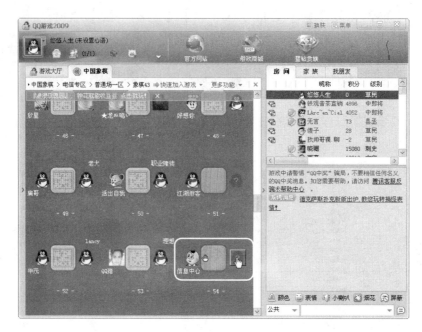

④ 在空位子上单击，如果对方也已经准备好，此时即可进入游戏界面。

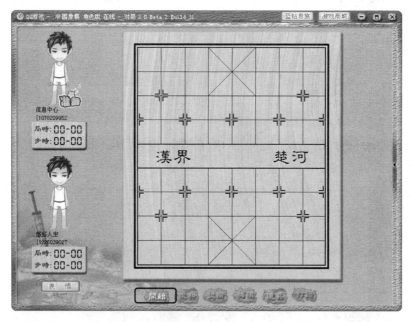

⑤ 单击界面下方的【开始】按钮 ，此时如果对手玩家也已经准备好，此时需要等待对方设置游戏时间，弹出一个提示框。

6 如果同意对方设置的时间，直接单击 同意 按钮即可开始游戏。

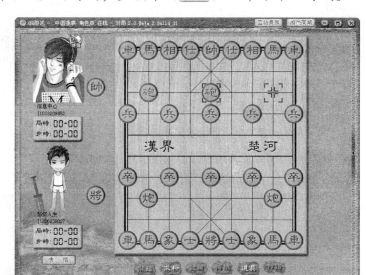

12.3.2　联众游戏大厅

除 QQ 游戏外，联众世界也是目前玩家特别喜欢的网络游戏平台之一，其中集合了各种棋牌类游戏和休闲游戏。

1.　**下载并安装联众世界**

用户要想玩联众游戏，首先需要下载并安装联众游戏大厅。

下载联众游戏大厅安装程序

为了安全起见，建议用户到联众游戏的官方网站"http://www.ourgame.com/download/"进行下载，关于下载网络资源的方法在 14.2 节已经详细介绍过，在此不再赘述。

● 安装联众游戏大厅

安装联众游戏大厅的具体步骤如下。

① 双击联众游戏大厅安装程序图标，弹出【安装条款】对话框，单击 浏览 按钮，弹出【浏览文件夹】对话框，从中设置联众游戏大厅的安装位置。设置完毕单击 确定 按钮，返回【安装条款】对话框。

② 单击 我同意 按钮即可开始安装联众游戏大厅。稍等片刻即可安装完毕，弹出【安装完毕】对话框，直接单击 完成 按钮即可。

2. 注册联众账号

用户要想使用联众游戏大厅玩游戏，还需要拥有一个联众账号，注册联众账号的具体步骤如下。

① 双击桌面上的【联众世界】图标，弹出登录联众游戏大厅界面。单击 免费注册用户 按钮，弹出【填写必填项】页面，选中【否】单选钮，在【游戏账号】文本框中输入要注册的账户名，此时系统会自动检测账户名是否可用。

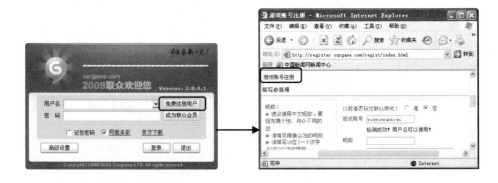

② 如果账户名可用，根据系统提示输入其他注册必填项，然后选中【我已阅读并同意《联众公司用户服务条款》】复选框。

③ 输入完毕单击 下一步 按钮即可。

3.　在联众世界下军旗

① 按照前面介绍的方法打开登录联众游戏大厅界面，分别在【用户名】和【密码】文本框中输入刚刚注册的账号和登录密码，然后单击 登录 按钮即可。

② 切换到【棋类游戏】选项卡，从中选择要玩的游戏，例如选择【四国军旗】选项。

③ 双击【四国军旗】选项，弹出提示安装对话框，单击 是(Y) 按钮，弹出游戏下载对话框。

④ 稍等片刻弹出【安装条款】对话框，单击 我同意 按钮即可开始安装"四国军棋"。

⑤ 稍等片刻即可安装完毕，单击 完成 按钮即可。

⑥ 依次展开【四国军棋】▶【小兵训练营】选项，将鼠标指针移动到下方的游戏室
上，然后单击 进入 按钮。

⑦ 随即即可进入该游戏室，找一张有空位的游戏桌，单击空位子即可坐下。

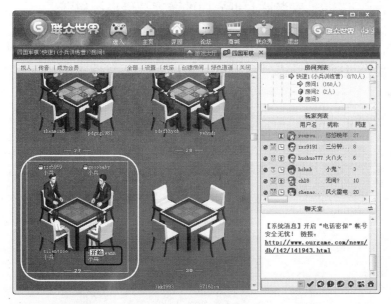

⑧ 单击位子旁边的 开始 按钮，如果其他玩家也已经准备好了，此时会进入游戏，弹
出【提示信息】对话框。

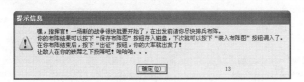

⑨ 单击 确定(0) 按钮，进入游戏界面，单击 大军出征 按钮即可开始游戏。

 练兵场 安装联众世界中的游戏"经典围棋"

　　按照 12.3.2 小节介绍的方法，安装联众世界中的游戏"经典围棋"，操作过程可参见配套光盘\练兵场\安装联众世界中的游戏"经典围棋"。

第13章

网上新生活

小月告诉爷爷，除了能够在网上发送电子邮件、与亲朋好友聊天、进入论坛聊天、在博客发表日志、在网上听歌和看电视以及玩游戏之外。网络还有很多其他的功能，如今人们的生活越来越离不开网络，从衣食住行到吃喝玩乐，网络已经无所不在。下面就让我们来看看小月是怎么讲解的吧！

关于本章知识，本书配套教学光盘中有相关的多媒体教学视频，请读者参看光盘【网络学习真奇妙\网上新生活】。

光盘链接

- 🚩 网上寻医问药
- 🚩 逛逛药膳美食天地
- 🚩 出门旅游别忘网上搜搜
- 🚩 网上炒股新体验
- 🚩 生活小百科——百度知道

13.1 网上寻医问药

目前已有很多知名医院及医学专家都在网上建立了自己的网站和博客，这给广大患者寻医问药提供了很大的方便。

13.1.1 网上搜索病因与症状

下面以搜索糖尿病的病因与症状为例介绍在网上搜索的方法，具体的操作步骤如下。

① 启动 IE 浏览器，打开搜索引擎网站，这里以百度搜索引擎为例。在搜索文本框中输入"糖尿病病因　症状"。

② 单击 百度一下 按钮进行搜索，弹出搜索结果页面。

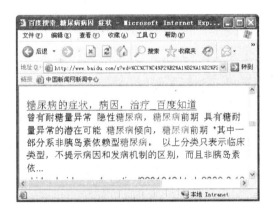

③ 在弹出的搜索结果网页中单击合适的网站链接，例如单击【糖尿病的症状，病因，治疗_百度知道】链接，即可弹出相应的页面。

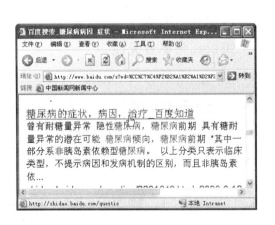
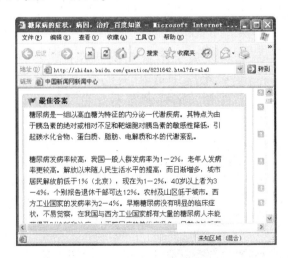

13.1.2　在线咨询专家

此外，患者还可以通过搜索引擎搜索专家网上会诊的信息，然后在线咨询专家。

下面以【糖尿病－中国糖尿病网】网站为例进行介绍，具体的操作步骤如下。

① 启动 IE 浏览器，在地址栏中输入【糖尿病－中国糖尿病网】网站的网址"http://www.health-sky.com/"，按下【Enter】键打开该网站首页。

② 单击【点击咨询】链接，在线咨询专家页面，在文本框中输入要咨询的问题，然后单击【发送】按钮即可。

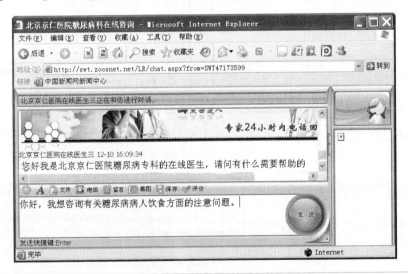

13.1.3　网上挂号

现在有很多大医院都提供专家网上挂号的服务，这一服务极大地方便了患者。

下面以【求医问药资讯园地】网站为例介绍网上挂号的具体步骤。

① 启动 IE 浏览器，在地址栏中输入【求医问药资讯园地】网站的网址 "http://www.qywy.com/"，按下【Enter】键打开该网站首页。

② 单击【专家在线】文字链接弹出【专家在线】网页。单击要诊治的科目链接，例如单击【糖尿病科】文字链接。

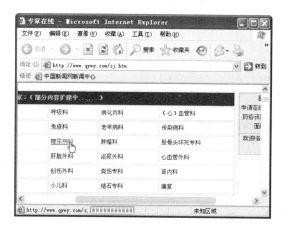 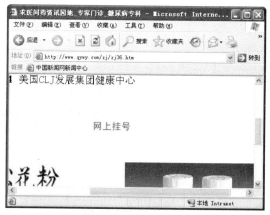

③ 在打开的【糖尿病专科】网页中单击【网上挂号】文字链接。在打开的【网上挂号】页面中填写申请表，然后单击 确认 按钮提交申请表等待专家通知问诊时间。

 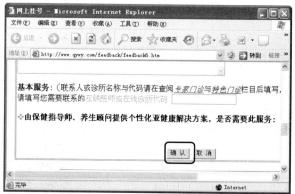

13.1.4　关注健康信息

目前国内知名度较大的医疗保健网站有三九健康网、搜狐健康频道、家庭医生、好大夫在线、人民网健康频道和中国健康网等。

● 三九健康网

三九健康网的网址是"http://www.39.net/"。

● 搜狐健康频道

搜狐健康频道的网址是"http://health.sohu.com/"。

● 家庭医生在线

家庭医生在线的网址是"http://www.j1ol.com/index.html"。

● 好大夫在线

好大夫在线的网址是"http://www.haodf.com/"。

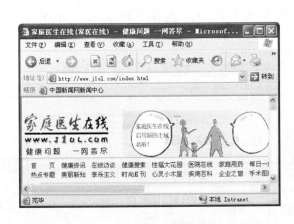

● **人民网健康频道**

人民网健康频道的网址是"http://health.people.com.cn/"。

● **中国健康网**

中国健康网的网址是"http://www.healthoo.net/"。

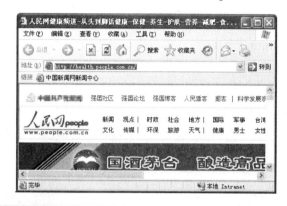 

13.2 逛逛药膳美食天地

随着人们的生活水平的显著提高，人们关注的目光已经从怎样吃饱转变为怎样吃好。如何科学营养地搭配饮食已成为人们生活中最为重要的关注点之一。

13.2.1 搜索药膳食谱

下面以百度搜索引擎为例介绍一下使用搜索引擎搜索药膳食谱的具体方法。

① 打开百度网站首页"http://www.baidu.com/"，在搜索文本框中输入要搜索的关键字，这里输入"药膳食谱"。

② 单击 百度一下 按钮，弹出【百度搜索_药膳食谱】页面，该页面中显示了百度搜索引擎搜索到的所有与"药膳食谱"相关的网站链接。

 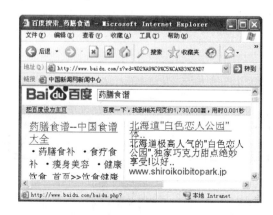

13.2.2　浏览药膳网站

搜索到相关网站后就可以单击网站链接进行浏览了。

浏览药膳网站的具体步骤如下。

① 在刚刚搜索到的相关网站链接中单击任意链接，这里单击【药膳食谱－中国食谱大全】文字链接。

② 在弹出的【药膳食谱－中国食谱大全】网页中单击要查看的药膳食谱名称文字链接弹出食谱页面，例如单击【雪耳炖木瓜】文字链接弹出【雪耳炖木瓜】页面。

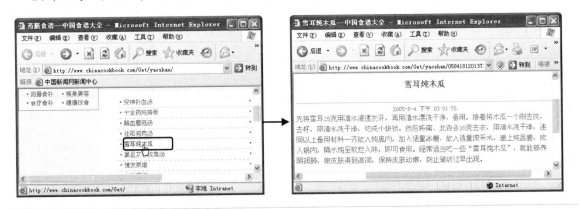

13.2.3　保存食谱

在浏览食谱的过程中，若想将食谱保存下来有两种方法。一种是将网页保存下来，另外一种是将网页上的文字信息保存下来。

● 保存食谱网页

将食谱网页保存下来的具体步骤如下。

① 选择【文件】➤【另存为】菜单项。

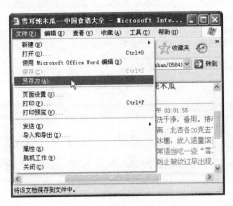

② 在弹出的【保存网页】对话框中选择网页的存放位置，并将网页的保存类型改为【Web 档案，单一文件（*.mht）】，然后单击 保存(S) 按钮即可保存该网页。

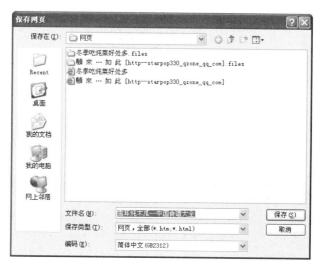

保存文字信息

若不想保存整个网页，也可单独保存网页中的一部分文字信息。具体的操作步骤如下。

① 按住鼠标左键拖动，选中要保存的文字信息，单击鼠标右键，从弹出的快捷菜单中选择【复制】菜单项。

② 选择【开始】➤【所有程序】➤【附件】➤【记事本】菜单项，打开记事本工作窗口，然后单击鼠标右键，从弹出的快捷菜单中选择【粘贴】菜单项。

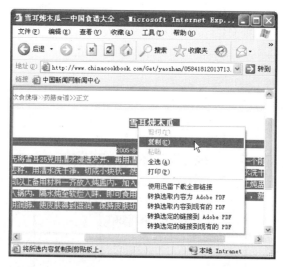

③ 选择【文件】➤【保存】菜单项，弹出【另存为】对话框。

④ 从中设置记事本文件的保存位置和保存名称，设置完毕单击 保存(S) 按钮即可。

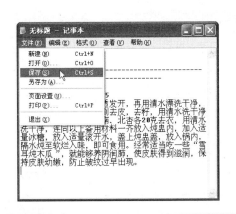

13.3 出门旅游别忘网上搜搜

如今老年人出门旅游已成为一种时尚，各旅行社都纷纷推出老年团旅游项目，在决定旅游之前可以先到网上搜索一下相关的旅游信息。

13.3.1 查看网上旅游信息

旅游网站一般会对各线路旅游景点的历史文化、交通及近期的天气情况做详细的介绍，所以决定出游前到网上搜索一下相关信息是极有必要的。

下面以【旅游直通车】网站为例进行介绍，在网上查看旅游信息的具体步骤如下。

① 启动 IE 浏览器，在其地址栏中输入"旅游直通车"网站的网址"http://www. 17167.com/"，按下【Enter】键，弹出【旅游直通车】网站首页。

② 单击【旅游景点】链接，弹出【旅游景点】页面，从中选择喜欢的旅游景点，例如单击【昆明植物园】链接，弹出【昆明植物园】页面。

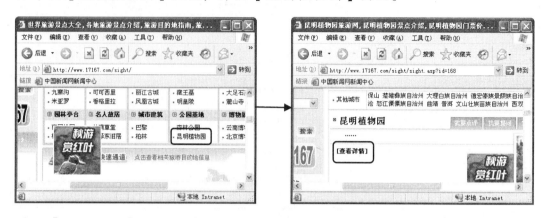

③ 单击【查看详情】链接，弹出昆明植物园详细介绍页面。

13.3.2 网上订票

随着网络技术的发展，网上订票业务也随之发展起来。不论是车票、船票、还是机票，人们再也不必一定要到卖票大厅排队购买了。现在只需打开电脑，连上网络，点点鼠标，敲敲键盘即可轻松购票。

下面以在网上订购飞机票为例介绍一下网上订票的具体步骤。

① 启动 IE 浏览器，打开搜索引擎网站，这里以百度搜索引擎为例。在搜索文本框中输入要搜索信息的关键字"预定机票"。

② 单击 百度一下 按钮，随即打开搜索结果网页。

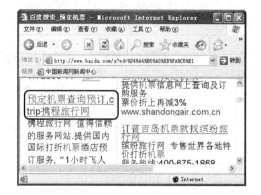

③ 单击合适的订票网站链接，这里单击【预订机票查询预订，ctrip 携程旅行网】链接，弹出【机票预订】网页。在查询机票表单中填写详细的查询信息，如"北京"到"昆明"。

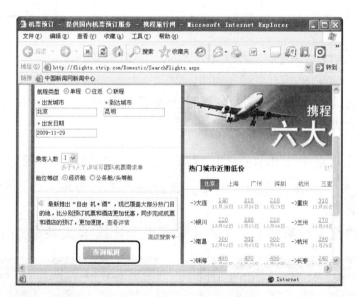

④ 填写完毕单击 查询航班 按钮，弹出查询结果页面。

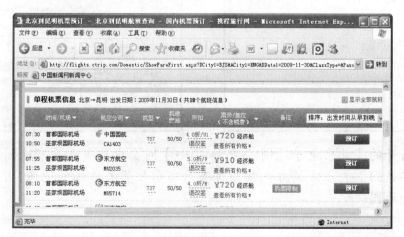

⑤ 从中选择合适的机票，单击 预订 按钮，在弹出的页面中用户可以注册会员后登录该网站后进行机票的预订，也可以输入手机号码直接预订机票。

13.3.3　查看电子地图

在去往目的地前可以通过网络查看一下目的地的电子地图，对其地理位置、交通路线有一个大致的了解。

下面以查看北京电子地图为例进行介绍，具体的操作步骤如下。

① 启动 IE 浏览器，打开百度搜索引擎，在搜索文本框中输入"北京电子地图"，单击 百度一下 按钮。

② 在随后打开的搜索结果网页中单击【北京电子地图|公交换乘|…】文字链接。

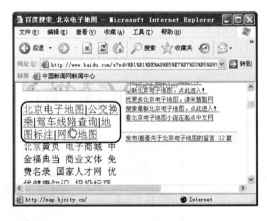

③ 在随后打开的【北京电子地图|公交换乘|…】网页中可查看北京地图。

④ 用鼠标单击网页左上方的方向按钮可查看当前位置各方向的地图，拖动滑块可放大或缩小地图。

13.4 网上炒股新体验

现在,老年人炒股已不在少数,随着网络时代的来临,如何利用网络这一"先进武器",在家轻松实现理财计划呢?

13.4.1　搜索股市行情

要通过网络进行炒股交易首先要在第一时间获取最新的股市信息。只有掌握了股市行情及股市的最新动向,才能运筹帷幄、决胜千里。

现在有很多大型的网站都开设了股市行情版块,下面以百度网站的财经频道为例进行介绍,通过网络搜索股市行情的具体步骤如下。

① 启动 IE 浏览器,打开百度网站首页 "http://www.baidu.com/",在搜索文本框下方单击【更多】链接。

② 随即打开【百度产品大全】网页,在该网页中单击【财经】链接。

③ 在随后打开的【百度财经】网页右上方窗格中可看到上证指数的最新走势。

④ 将鼠标移至该窗格的其他选项卡上可查看其他指数的走势，例如将鼠标指针移至【港股】选项卡上即可查看港股指数的最新走势。

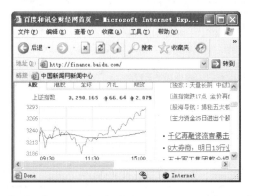 

⑤ 在查看指数走势窗格下方的文本框中输入单只股票的代码、名称或名称拼音缩写，单击 提交 按钮即可查看单只股票的走势。例如要查询"中信国安"的走势，可在上述文本框中输入"中信国安"4 个字，然后单击 提交 按钮弹出【中信国安（000839）】网页查看该股走势。

 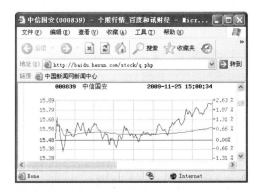

⑥ 用户还可单击个股网页中的红色选项卡查看与该股相关的其他信息，例如单击【公司资料】选项卡，就可在弹出的【公司资料】网页中查看中信国安信息产业股份有限公司的相关资料。

⑦ 单击网页上方的白色选项卡可以查看其他投资方式的情况，例如单击【理财】选项卡即可查看各种理财产品。

13.4.2　下载与安装同花顺软件

要实现股票在线交易，首先应下载股票行情软件客户端。本小节以目前比较流行的同花顺软件为例进行介绍。

● 下载同花顺软件安装程序

为了安全起见，建议用户到其官方网站"http://www.10jqka.com.cn/download/"上下载。关于下载网络资源的方法在 14.2 节中已经详细介绍过，在此不再赘述。

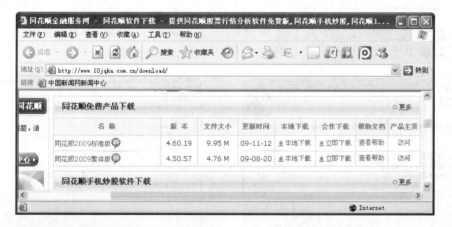

● 下载同花顺软件安装程序

下载了同花顺软件安装程序之后，就可以将其安装到自己的电脑上了，具体的操作步骤如下。

① 双击同花顺软件安装程序图标，弹出【欢迎使用 同花顺 2009（V4.60.19）安装向导】窗口。

② 单击 下一步(N) > 按钮，弹出【选择目标位置】窗口。

 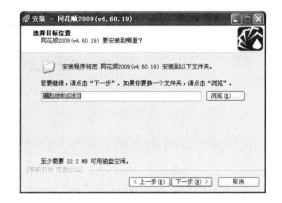

③ 单击 浏览(R)... 按钮，弹出【浏览文件夹】对话框，从中设置同花顺软件的安装位置。

④ 设置完毕单击 确定 按钮，返回【选择目标位置】窗口。

 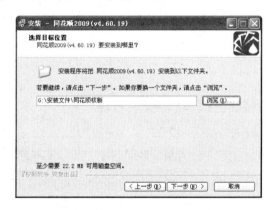

⑤ 单击 下一步(N) > 按钮，弹出【选择附加任务】窗口，根据实际需要设置附加任务。

⑥ 设置完毕单击 下一步(N) > 按钮即可开始安装同花顺软件。

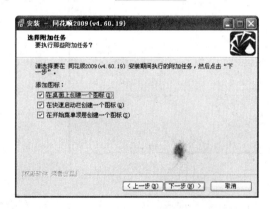 

⑦ 稍等片刻即可安装完毕，弹出【选择网络运营商】对话框，根据自己的实际需要选择网络运营商，如果不清楚则选中【我不知道】单选钮。设置完毕直接单击 确定 按钮即可。

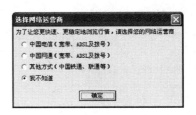

13.4.3　登录同花顺软件并查看股票走势

安装好【同花顺 2009】软件后就可以登录"同花顺"客户端并查看股票走势了，不过在此之前需要首先进行账户注册。

注册并登录同花顺软件的具体步骤如下。

① 双击桌面【同花顺 2009】快捷方式图标或者选择【开始】➤【所有程序】➤【同花顺 2009】➤【1_同花顺 2009】菜单项，弹出【登录到全部行情主站】登录对话框。

② 单击 免费注册 按钮，弹出【第一步：确定定用户名（共三步）】对话框，在【请输入一个便于您记忆的用户名】文本框中输入要注册的账户名。

③ 输入完毕单击 下一步 按钮，弹出【第二步：确定密码（共三步）】对话框，在【请输入一个便于记忆的密码】文本框中输入登录密码。

④ 输入完毕单击 下一步 按钮，弹出【最后一步：注册信息确认】对话框，从中输入联系电话和电子邮件。

⑤ 输入完毕单击 完成 按钮，弹出【恭喜您，注册成功！】页面。

⑥ 按照前面介绍的方法打开【登录到全部行情主站】登录对话框，分别在【同花顺账号】和【密码】文本框中输入刚刚注册的账户名和登录密码。

⑦ 输入完毕单击 登录 按钮，弹出【登录到全部行情主站】对话框。

⑧ 直接单击 确定 按钮，将打开上证指数当天的走势窗口。

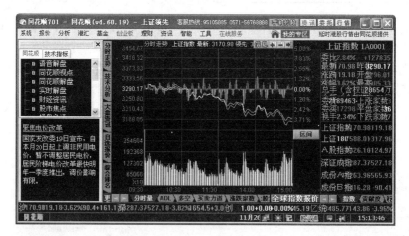

⑨ 在【报价】菜单中的【商品顺序】子菜单中可以找到要查看的股票类别。例如选择【报价】➤【商品顺序】➤【上海A股】菜单项，可滚动鼠标滚轮或拖动窗口

右侧的滑块查看所有上证 A 股的信息。

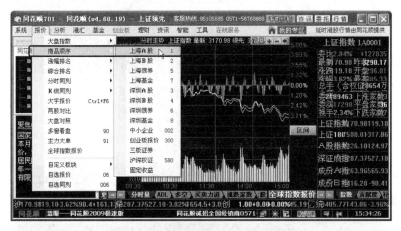

⑩ 若要查看上证 B 股的信息只需选择【报价】➤【商品顺序】➤【上海 B 股】菜单项。

⑪ 要想查看单只股票的走势，可用鼠标单击窗口任意位置然后使用键盘输入要查询股票的代码、名称或名称拼音缩写。例如要查询伊利股份的股票走势，输入代码"600887"，然后按下【Enter】键即可查看。

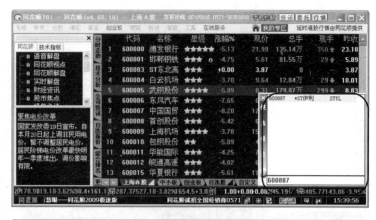

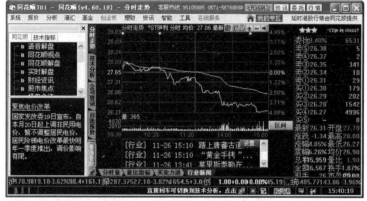

13.4.4 将个股加为自选股

读者还可将长期关注的个股加为自选股，以方便查看。

下面以将"伊利股份"加为自选股为例进行介绍，具体的操作步骤如下。

① 在"伊利股份"窗口中单击鼠标右键，在弹出的菜单中选择【加入自选股】菜单项。

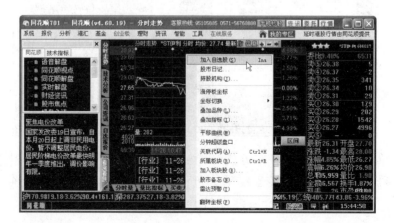

② 选择【报价】菜单中的【自选报价】菜单项即可查看自选股信息。

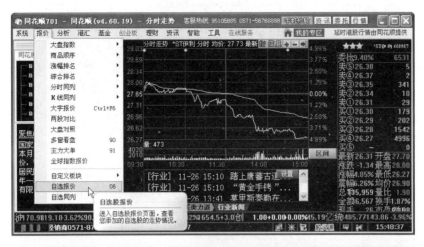

③ 在【自选报价】窗口中双击股票名称即可查看该股当天的走势。例如双击【伊利股份】即可查看该股当天的走势曲线。

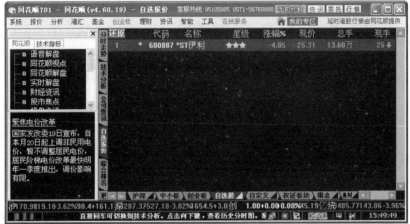

④ 若要查看股票前期的走势，在该股窗口内双击鼠标左键即可查看。

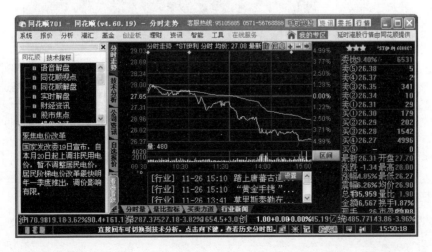

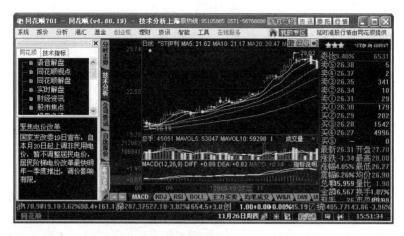

⑤ 若用户想同时关注多只股票，只需将它们加为自选股后选择【报价】菜单中的【自选同列】菜单项。

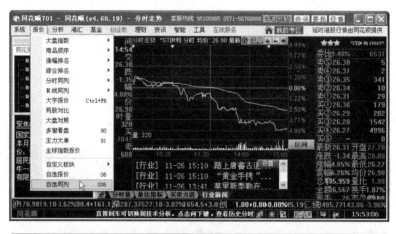

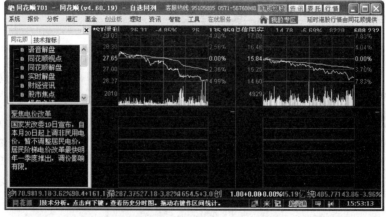

13.4.5　网上股票交易

在初步了解了同花顺股票行情分析软件的使用方法后，若用户想在网上做股票交易，可先到当地的证券交易公司开通网上交易业务，然后持交易账号及密码登录同花顺软件即可实现网上买卖股票的操作。

网上股票交易的具体步骤如下。

① 按照前面介绍的方法登录到【同花顺 2009】软件，单击右上方的 委托 按钮。

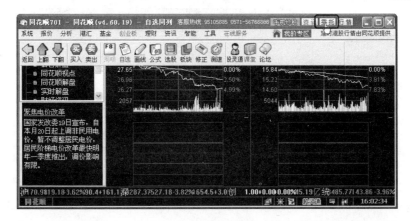

② 随即弹出【添加营业部】对话框，在【添加营业部】对话框中选择开户证券交易公司的名称，例如选择"广发证券"选项。

③ 选择完毕单击 下一步 按钮，从弹出的对话框中选择所在地的营业厅，例如选择北京的【北方北京营业部】选项。

④ 选择完毕单击 确定 按钮，弹出【用户登录】对话框。在对话框中填写账号及交易密码。单击 确定(Y) 按钮打开【提示】对话框，提示"正在连接委托主站…"。

⑤ 稍后将打开个人股票交易账户信息，以购买"伊利股份"股票为例，在账户窗口在左侧的列表中单击【买入】列表项，弹出【买入股票】对话框。在该对话框中依次输入要买股票的证券代码、买入价格及买入数量信息，单击 买入[B] 按钮，如果有人以输入的买入价格卖出股票即可购得。

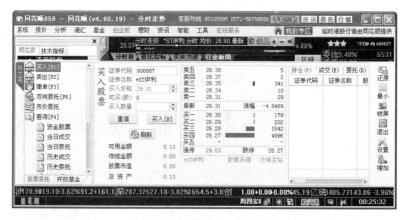

⑥ 用户还可在账户信息窗口的右侧通过单击列表项进行卖出、撤单、查询当日成交等操作。

13.5 生活小百科——百度知道

　　网络在人们的现实生活中充当着百科全书的角色，目前，很多网站都提供百科知识提问服务，例如百度知道、QQ 问问等，本节以百度知道为例进行介绍。

13.5.1 注册百度知道账号

　　用户要想在百度知道上提问，首先需要拥有自己的账号。

　　注册百度知道账号的具体步骤如下。

① 按照前面介绍的方法启动 IE 浏览器，并打开百度首页，然后单击搜索栏上方的【知道】链接，随即弹出【百度知道】网页，然后单击【登录】链接。

② 随即弹出【登录】页面，切换到【注册】选项卡，根据系统提示输入注册信息，输入完毕单击 同意以下协议并提交 按钮即可。

13.5.2　提问并解决问题

成功注册百度账号后即可发表提问并等待他人给予答案。

在百度知道提问并解决问题的具体步骤如下。

① 系统提示注册成功两秒钟后将自动跳转到【百度知道–提问问题】页面。
② 在文本框中输入要提问的问题，例如输入"当归鸡汤的做法"，然后单击 我要提问 按钮。

③ 随即弹出提问页面，根据系统提示输入提问的补充说明，选择问题分类，并设置悬赏财富。

④ 设置完毕单击 提交问题 按钮即可。当有网友回答时，打开该提问即可看到。

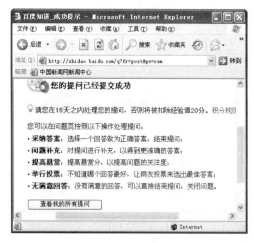

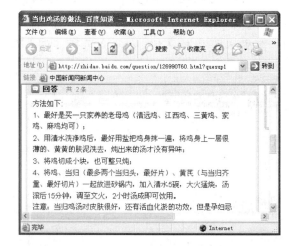

 练兵场　在百度知道中帮助别人解决问题

　　在百度知道中回答一位网友的提问，操作过程可参见配套光盘\练兵场\在百度知道中帮别人解决问题。

第3篇
学习 Office 组件，丰富老年生活

本篇介绍 Office 办公软件的基本知识和相关操作。先从 Word 2003 的相关知识和应用开始讲解，接着给读者介绍 Excel 2003 的相关知识和应用，最后帮助读者学会使用 PowerPoint 2003 制作漂亮的演示文稿，使老年人生活更加丰富多彩。

第 14 章　使用 Word 丰富老年生活

第 15 章　制作图文并茂的 Word 作品

第 16 章　用 Excel 记录生活点滴

第 17 章　利用 Excel 学理财

第 18 章　制作漂亮的幻灯片

第14章

使用 Word 丰富老年生活

爷爷看到小月正在电脑上写文章，觉得很新鲜。小月告诉爷爷这是在使用 Word 2003，它是很实用的办公软件，利用它可以撰写文章、编排精美的文档等。不过要想学会 Word 的使用方法，首先要从基本知识入手。下面就让我们来看看小月是怎么讲解的吧！

关于本章知识，本书配套教学光盘中有相关的多媒体教学视频，请读者参看光盘【学习Word好处多\使用Word丰富老年生活】。

光盘链接

- Word 都能做什么
- 认识 Word 2003
- 建立"黄山游记"文档
- 设计属于自己的信纸

14.1 Word都能做什么

Word 是 Microsoft 公司推出的 Office 办公应用软件包中的一个组件，是最受欢迎的文字处理软件之一。这里以 Word 2003 为操作平台来讲解 Word 在日常生活与学习中的各种应用。

● 编辑漂亮的文档

Word 2003 具有强大的文字编辑功能，用户使用它不仅可以输入文本，还可以对文档进行美化设置。例如利用它编辑美观大方的游记文章。

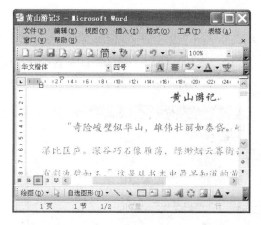

● 设计属于自己的信纸

此外，用户还可以利用 Word 2003 制作属于自己的信纸。方法很简单，只需要对文档的页面以及页眉和页脚进行相应的设置即可。

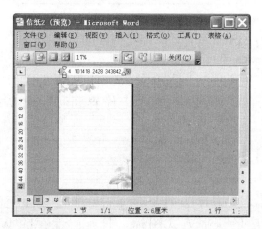

● 制作图文并茂的 Word 作品

在 Word 2003 中，用户不仅能够对文本进行美化，还可以插入各种图形元素，制作图文并茂的作品。例如利用各种图形原色制作一张生日贺卡。

● **制作表格和图表**

　　除了编辑文档之外，Word 2003 还提供了强大的表格和图表功能，用户利用它可以制作美观、大方的表格和图表。例如利用 Word 的表格和图表功能制作家庭支出汇总表。

14.2　认识Word 2003

　　为了能够更好地使用 Word 处理文本，首先需要认识一下 Word 2003。主要包括启动 Word 2003、认识 Word 2003 工作界面和退出 Word 2003。

14.2.1　启动 Word 2003

　　启动 Word 2003 程序的方法主要有 4 种：通过桌面上的快捷图标，通过【开始】菜，通过任务栏中的快捷方式图标，打开已保存的 Word 文档。

● **通过【开始】菜单**

　　单击 开始 按钮，在弹出的下拉列表中选择【所有程序】➤【Microsoft Office】

➢【Microsoft Office Word 2003】菜单项，即可启动 Word 2003。

通过桌面上的快捷图标

在【Microsoft Office Word 2003】菜单项上单击鼠标右键，从弹出的快捷菜单中选择【发送到】➢【桌面快捷方式】菜单项，此时即可在桌面上出现一个 Word 2003 桌面快捷方式图标，以后双击这个图标即可启动 Word 2003 程序。

通过任务栏中的快捷方式图标

选中创建的 Word 2003 桌面快捷方式图标，按住鼠标左键不放，将其拖动至任务栏中，此时即可在任务栏中出现一个【Word 2003】图标，单击此图标即可启动 Word 2003 程序。

● **打开已保存的 Word 文档**

如果已经存在 Word 文件，可以通过打开 Word 文件的方式打开 Word 2003。首先找到存放 Word 2003 文件的位置，然后双击 Word 文件即可启动 Word 2003中文版。

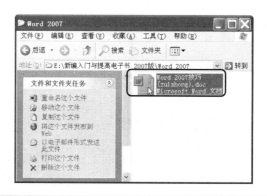

14.2.2 认识 Word 2003 工作界面

启动 Word 2003 程序之后，即可打开 Word 2003 的工作界面。下面认识一下Word 2003 的工作界面。

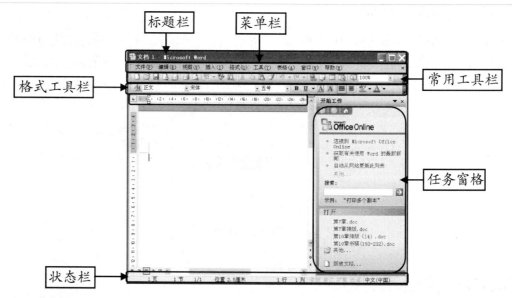

● **标题栏**

标题栏位于 Word 工作界面的最上方，用于显示当前正在使用的文件名。其中包括【控制窗口】图标，单击该图标就会弹出快捷菜单，从而实现文件的还原、移动、大小、最小化、最大化和关闭等操作。如果双击该图标，则会自动退出 Word 2003 程序。

位于标题栏最右侧有 3 个控制按钮，分别为【最小化】按钮、【最大化】按钮和【关闭】按钮。当单击【最大化】按钮之后，窗口处于最大化状态，并且【最大化】按钮变为【向下还原】按钮；此时单击【向下还原】按钮，则还原窗口大小，并且该按钮又会变为【最大化】按钮。

菜单栏

菜单栏位于标题栏的下方，主要包括 9 个菜单，分别是：文件、编辑、视图、插入、格式、工具、表格、窗口和帮助菜单。

每个菜单中包含多个菜单项，单击菜单项可执行相应菜单命令即可执行相应的操作。例如单击【插入】菜单，即可看到该菜单中包括【分隔符】、【页码】、【日期和时间】、【特殊符号】、【批注】、【图片】、【文本框】、【书签】以及【超链接】等菜单项。

小提示 下拉菜单中的某些菜单项显示为灰色，表示不可用，只有在进行了某些操作之后才能使用；有些菜单项的后面带有 "…" 省略号，表示单击此菜单项会弹出一个对话框；有些菜单项的后面带有一个黑色的小三角▶，表示其有级联菜单，即包含有下一级菜单。

工具栏

工具栏位于菜单栏的下方，通常情况下只显示【常用】工具栏和【格式】工具栏，其实用户可以根据需要让其显示更多的工具栏。例如，在文档中绘制一个图形，或者是插入几幅图片，就可以将【绘图】工具栏调出来，方便绘制图形或者插入照片，选择【视图】➤【工具栏】➤【绘图】菜单项即可。

● **标尺**

标尺包括水平标尺和垂直标尺，它可以用来调节文字之间的距离。水平标尺上有几个滑块：【左缩进】、【右缩进】△、【首行缩进】▽、【悬挂缩进】白，这些滑块可以用来增加或减少文档的缩进量，用户可以根据实际需求拖动滑块进行设置。

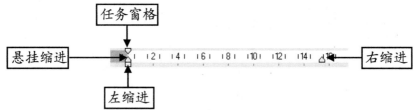

● **工作区**

位于工作界面中最大的一块矩形的空白区域就是 Word 2003 的工作区，在工作区中用户可以进行输入、编辑以及查阅文档等操作。

● **任务窗格**

任务窗格是位于工作区右侧的一个分栏窗口，使用它可以及时获得所需的工具，并且会根据用户的操作需求弹出相应的任务窗格。如果在工作界面中没有显示任务窗格，则可选择【视图】➤【任务窗格】菜单项。

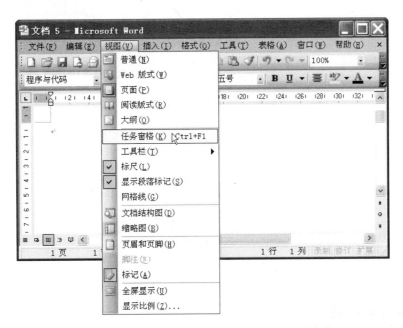

● 视图切换区

在视图切换区中可以切换文档窗口的显示方式。Word 2003 提供了 5 种视图方式：普通视图、Web 版式视图、页面视图、大纲视图和阅读版式。这 5 种视图方式分别对应 5 个按钮，单击不同的视图按钮，可以在不同的视图之间进行操作，以便于输入文本和进行排版等操作。

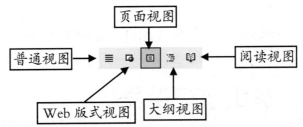

● 状态栏

状态栏位于工作窗口的最下方，主要用于显示当前文档的页码以及当前光标定位符在文档中的位置等信息，以帮助用户快速查看当前文档的编辑状态。

14.2.3　退出 Word 2003

退出 Word 2003 程序的方法主要有以下几种。

● 通过【文件】菜单

在打开的 Word 2003 工作界面中，选择【文件】➤【退出】菜单项，即可退出 Word 2003 程序。

● **通过【关闭】按钮**⊠

单击 Word 2003 工作界面右上角的【关闭】按钮⊠，即可退出 Word 2003 程序。

● **通过标题栏中的**图标

在 Word 2003 工作界面中，单击标题栏最左边的【控制窗口】图标，从弹出的下拉菜单中选择【关闭】菜单项，即可退出 Word 2003 的工作环境。

● **通过快捷键**

在 Word 2003 工作界面中，使用【Alt】+【F4】组合键即可退出 Word 2003 工作界面。

14.3 建立"黄山游记"文档

认识 Word 2003 的工作界面之后，就可以使用 Word 2003 来编辑文档了。

14.3.1 新建与保存 Word 文档

首先新建一个 Word 文档，并将其保存为"黄山游记"。

启动 Word 2003 即可新建一个空白文档，除此之外，用户还可以使用别的方法新建 Word 文档。

新建和保存 Word 文档的具体步骤如下。

① 选择【文件】➢【新建】菜单项，弹出【新建文档】任务窗格。

② 在【新建】组合框中单击【空白文档】链接，此时即可新建一个空白 Word 文档。

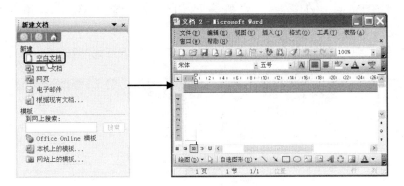

③ 单击常用工具栏中的【保存】按钮，弹出【另存为】对话框，从中设置文档的保存位置和保存名称，然后单击 保存(S) 按钮即可。

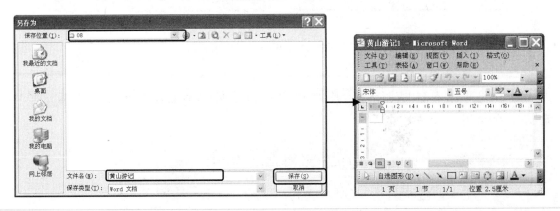

14.3.2　输入游记内容

建立新文档之后，用户即可在工作区中输入文本。

本小节原始文件和最终效果所在位置如下。	
原始文件	最终效果
原始文件\14\黄山游记1.doc	最终效果\14\黄山游记1.doc

① 打开本小节的原始文件，将光标定位在要输入文本的位置。

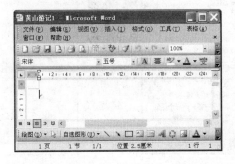

② 切换到中文输入法，在第一行中输入诗词标题"黄山游记"，输入完成后按下
【Enter】键，光标移动到下一行文本中。

③ 按照相同的方法，在该文档中输入游记内容（如右下图所示）。

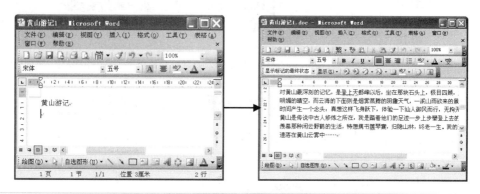

14.3.3　设置字体格式

为了使文档内容更加清晰，用户可以设置字体格式，主要包括对文本的字体、字号、字形和字体颜色的设置。

本小节原始文件和最终效果所在位置如下。	
原始文件	最终效果
原始文件\14\黄山游记2.doc	最终效果\14\黄山游记2.doc

① 打开本小节的原始文件，选中要设置的文本，然后选择【格式】➤【字体】菜单项。

② 随即弹出【字体】对话框，切换到【字体】选项卡。从【中文字体】下拉列表中选择【华文行楷】选项，从【字形】列表框中选择【加粗】选项，从【字号】列表框中选择【三号】选项，在【字体颜色】下拉列表中选择【橄榄色】选项。

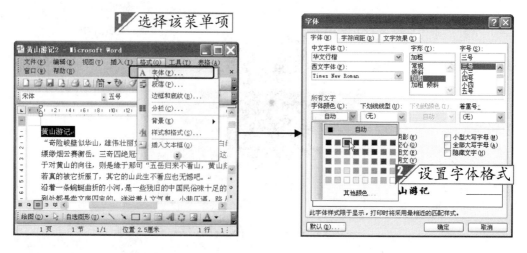

③ 设置完毕单击 [确定] 按钮。按照同样的方法设置其他文本的字体格式。

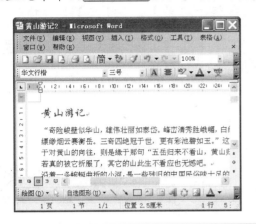 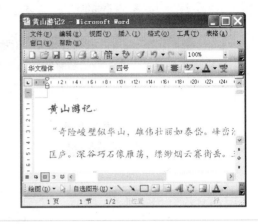

14.3.4 设置段落对齐方式与缩进

为了使游记文档看起来层次分明，用户还可以设置段落对齐方式与缩进。

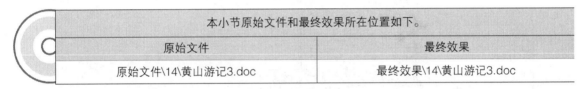

本小节原始文件和最终效果所在位置如下。	
原始文件	最终效果
原始文件\14\黄山游记3.doc	最终效果\14\黄山游记3.doc

① 打开本小节的原始文件，选中要设置段落对齐方式的标题行，然后单击鼠标右键，从弹出的快捷菜单中选择【段落】菜单项。

② 随即弹出【段落】对话框，切换到【缩进和间距】选项卡，从【对齐方式】下拉列表中选择【居中】选项，然后分别在【段前】和【段后】微调框中输入"0.5行"。

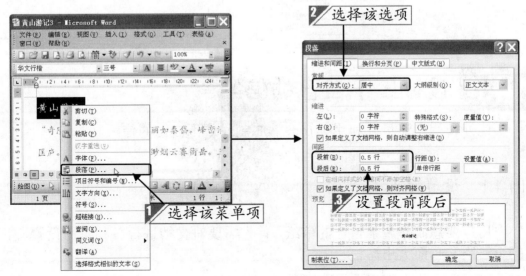

③ 设置完毕单击 ⌈ 确定 ⌋ 按钮即可。

④ 选择要设置段落缩进的正文文本，然后选择【格式】➢【段落】菜单项。

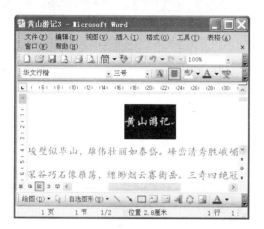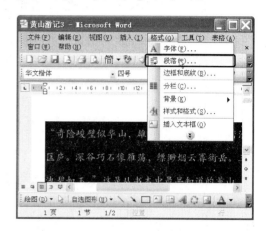

⑤ 随即弹出【段落】对话框，切换到【缩进和间距】选项卡，从【特殊格式】下拉
列表中选择【首行缩进】选项，然后在右侧的【度量值】微调框中输入"2字符"。
设置完毕单击 ⌈ 确定 ⌋ 按钮即可。

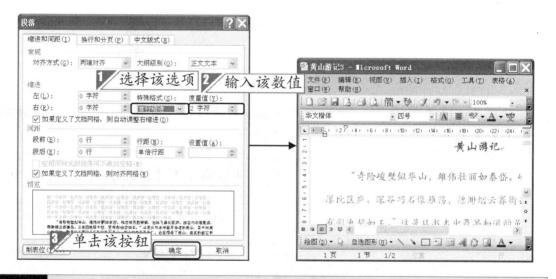

14.4 设计属于自己的信纸

此外，用户还可以利用 Word 2003 制作属于自己的信纸。

14.4.1 设置页面

用户要想制作属于自己的信纸，首先需要对文档进行各种页面设置，主要包
括页边距和页面大小。

本小节原始文件和最终效果所在位置如下。	
原始文件	最终效果
原始文件\14\信纸1.doc	最终效果\14\信纸1.doc

对文档进行页面设置的具体步骤如下。

① 打开本小节的原始文件，然后选择【文件】➤【页面设置】菜单项。

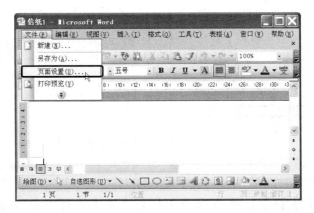

② 随即弹出【页面设置】对话框，切换到【页边距】选项卡，根据实际需要设置文档的页边距。

③ 切换到【纸张】选项卡，从【纸张大小】下拉列表中选择【A4】选项。

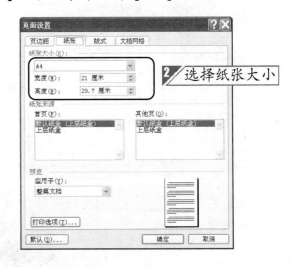

④ 设置完毕单击 确定 按钮即可。

14.4.2　设置页眉和页脚

为了增强 Word 文档的可读性，用户还可以为其添加页眉和页脚。在页眉和页脚中不仅可以输入文本，还可以插入图形。

本小节素材文件、原始文件和最终效果所在位置如下。		
素材文件	原始文件	最终效果
素材文件\14\图片1.jpg	原始文件\14\信纸2.doc	最终效果\14\信纸2.doc

为文档添加页眉和页脚的具体步骤如下。

① 打开本小节的原始文件，然后选择【视图】➤【页眉和页脚】菜单项，此时即可进入页眉和页脚编辑状态，并弹出【页眉和页脚】工具栏。

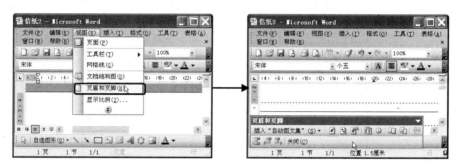

② 选择横线上的段落符号，然后选择【格式】➤【边框和底纹】菜单项，弹出【边框和底纹】对话框，切换到【边框】选项卡，在【设置】组合框中选择【无】选项。

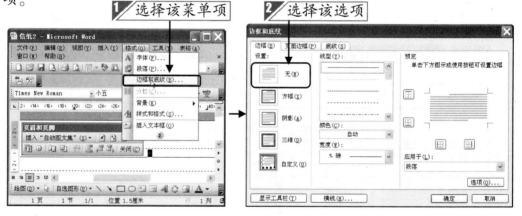

③ 设置完毕单击 ▢确定▢ 按钮即可，然后选择【插入】➤【图片】➤【来自文件】菜单项。

④ 随即弹出【插入图片】对话框，从中选择要插入的图片文件。

⑤ 选择完毕单击 插入(S) 按钮即可插入图片。选中刚刚插入的图片，然后单击鼠标右键，从弹出的快捷菜单中选择【设置图片格式】选项，弹出【设置图片格式】对话框，切换到【大小】选项卡，分别在【高度】和【宽度】文本框中输入"29.7厘米"和"21厘米"。

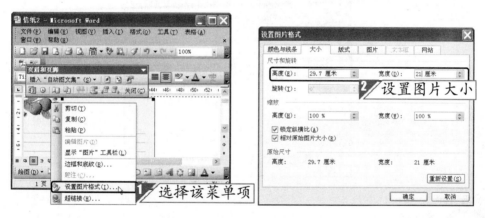

⑥ 切换到【版式】选项卡，选择【衬于文字下方】选项，单击 高级(A)... 按钮，弹出【高级版式】对话框，切换到【图片位置】选项卡，分别在【水平对齐】和【垂直对齐】组合框中选中【绝对位置】单选钮，从中间的下拉列表中选择【页面】选项，然后在右侧的微调框中输入"0厘米"。

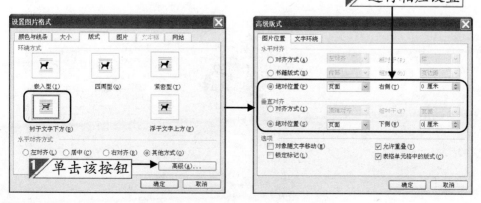

⑦ 设置完毕单击 确定 按钮，返回【设置图片格式】对话框，单击 确定 按钮即可完成设置。

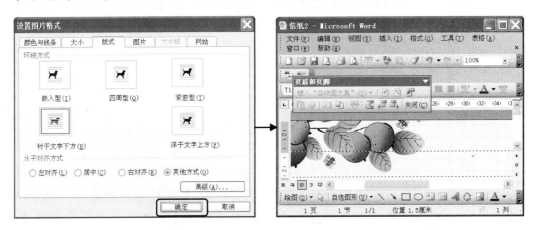

⑧ 单击 关闭(C) 按钮即可退出页眉和页脚状态，此时设置效果如下图所示。

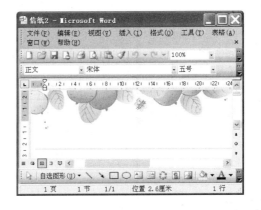

 练兵场 制作活动通知

　　按照 14.3 节介绍的方法，制作一个名为"活动通知"的文档。操作过程可参见配套光盘\练兵场\制作活动通知。

第15章

制作图文并茂的 Word 作品

小月告诉爷爷，Word 2003 的功能十分强大，它除了具有文字处理功能，它还可以用来设计各种图文并茂的作品，例如设计一张精美的生日贺卡、设计家庭支出统计表。下面就让我们来看看小月是怎么讲解的吧！

关于本章知识，本书配套教学光盘中有相关的多媒体教学视频，请读者参看光盘【学习 Word 好处多\制作图文并茂的 Word 作品】。

光盘链接

▶ 设计生日贺卡

▶ 设计家庭支出统计表

15.1 设计生日贺卡

为了使编辑的文档看起来图文并茂、生动有趣，可以在文档中插入一些形状、剪贴画、图片和艺术字，此外，还可以在文档中利用文本框输入文字。本节以制作一张送给小孙女的生日贺卡为例进行介绍。

15.1.1 插入图片

为了使文档看起来更加美观，用户可以在文档中插入漂亮的图片。

本小节素材文件、原始文件和最终效果所在位置如下。		
素材文件	原始文件	最终效果
素材文件\15\图片1.jpg~图片3.jpg	原始文件\15\生日贺卡1.doc	最终效果\15\生日贺卡1.doc

在文档中插入图片的具体步骤如下。

① 打开本小节的原始文件，然后选择【插入】➤【图片】➤【来自文件】菜单项。

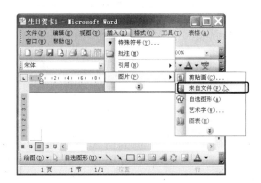

② 随即弹出【插入图片】对话框，从中选择要插入的图片文件。

③ 选择完毕单击 [插入(S)] 按钮即可。

④ 选中刚刚插入的图片，然后单击鼠标右键，从弹出的快捷菜单中选择【设置图片格式】菜单项。

⑤ 随即弹出【设置图片格式】对话框，切换到【版式】选项卡，然后选择【衬于文字下方】选项。

⑥ 设置完毕单击 确定 按钮即可。

⑦ 按照同样的方法插入素材文件图片 2，双击该图片，弹出【设置图片格式】对话框，切换到【大小】选项卡，从中设置图片的大小。

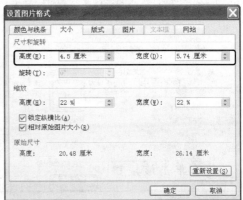

⑧ 切换到【版式】选项卡，选择【浮于文字上方】选项，设置完毕单击 确定 按钮即可，此时该图片可以移动，将其移动到文档中合适的位置。

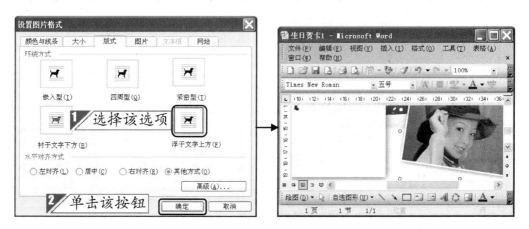

⑨ 按照同样的方法插入素材文件图片3，双击该图片，弹出【设置图片格式】对话框，切换到【大小】选项卡，从中设置图片的大小。

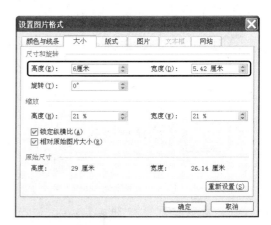

⑩ 切换到【版式】选项卡，选择【浮于文字上方】选项，设置完毕单击 确定 按钮即可，此时该图片可以移动，将其移动到文档中合适的位置。

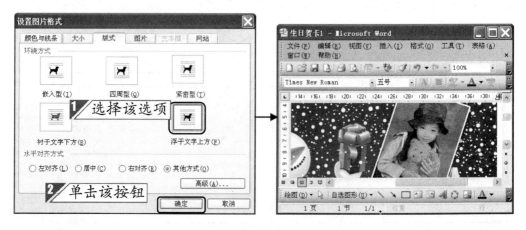

15.1.2　插入艺术字

在 Word 文档中插入艺术字不仅能够美化文档，还能够突出文档的主题。

本小节原始文件和最终效果所在位置如下。	
原始文件	最终效果
原始文件\15\生日贺卡2.doc	最终效果\15\生日贺卡2.doc

在文档中插入艺术字的具体步骤如下。

① 打开本小节的原始文件，然后选择【插入】➢【图片】➢【艺术字】菜单项。
② 随即弹出【艺术字库】对话框，从中选择自己喜欢的艺术字样式。

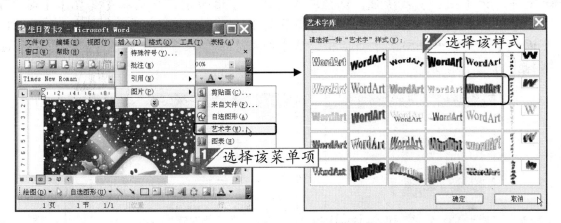

③ 选择完毕单击 确定 按钮，弹出【编辑"艺术字文字"】对话框，从【字体】下拉列表中选择【方正综艺_GBK】（这不是系统自带的字体，用户可以从网上下载后自行安装）选项，然后在下方的【文字】文本框中输入"宝贝生日快乐!"。
④ 设置完毕单击 确定 按钮即可。

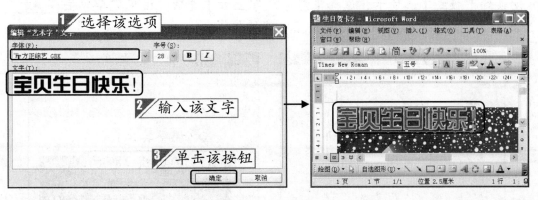

⑤ 选中刚刚插入的艺术字，然后单击鼠标右键，从弹出的快捷菜单中选择【设置艺术字格式】菜单项，弹出【设置艺术字格式】对话框，切换到【颜色与线条】选

项卡，从【线条】组合框中的【颜色】下拉列表中选择【其他颜色】选项。

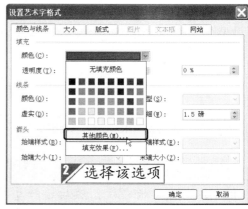

6　随即弹出【颜色】对话框，切换到【自定义】选项卡，分别在【红色】、【绿色】和【蓝色】微调框中输入要设置的颜色的 RGB 值，设置完毕单击 确定 按钮，返回【设置艺术字格式】对话框，从【线条】组合框中的【颜色】下拉列表中选择【白色】选项。

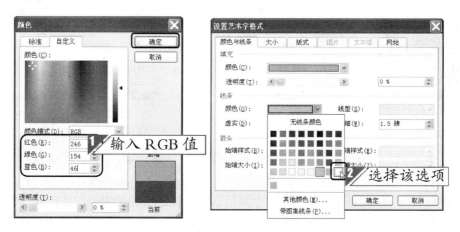

7　切换到【版式】选项卡，选择【浮于文字上方】选项。设置完毕单击 确定 按钮即可，然后根据实际需要调整艺术字的位置。

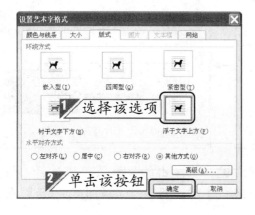

⑧ 单击【艺术字】工具栏中的【艺术字形状】按钮▣，从弹出的下拉列表中选择【细上弯弧】选项，然后根据实际需要将艺术字移动到文档中合适的位置。

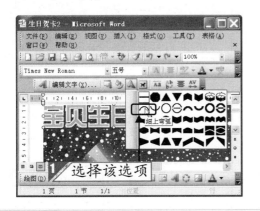

15.1.3 插入文本框

除了直接在文档中输入文字之外，还可以利用文本框在文档中输入文字。

本小节原始文件和最终效果所在位置如下。	
原始文件	最终效果
原始文件\15\生日贺卡3.doc	最终效果\15\生日贺卡3.doc

① 打开本小节的原始文件，然后选择【插入】➤【文本框】➤【横排】菜单项。
② 此时鼠标指针变成十形状，在文档中合适的位置绘制一个横排文本框，然后从中输入祝福语。

③ 选中刚刚输入的祝福语，选择【格式】➤【字体】菜单项，弹出【字体】对话框，切换到【字体】选项卡，从【字体】下拉列表中选择【华文行楷】选项，从【字号】列表框中选择【小三】选项，然后从【字体颜色】下拉列表中选择【其他颜色】选项。

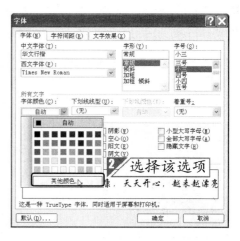

④ 随即弹出【颜色】对话框，切换到【自定义】选项卡，分别在【红色】、【绿色】和【蓝色】微调框中输入要设置的颜色的 RGB 值，设置完毕单击 确定 按钮，返回【字体】对话框。

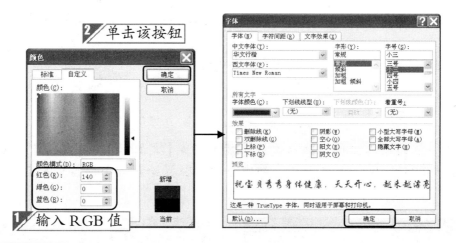

⑤ 单击 确定 按钮即可完成设置，根据实际需要调整文本框的大小，选中刚刚插入的文本框，然后单击鼠标右键，从弹出的快捷菜单中选择【设置文本框格式】菜单项。

⑥ 随即弹出【设置文本框格式】对话框，切换到【颜色与线条】选项卡，从【线条】组合框中的【颜色】下拉列表中选择【无线条颜色】选项。设置完毕单击 确定 按钮即可。

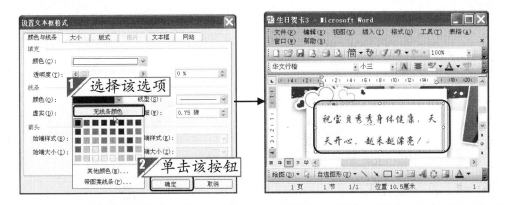

15.1.4　插入自选图形

为了使贺卡更加生动有趣，还可以在文档中插入系统自带的各种形状。

本小节原始文件和最终效果所在位置如下。	
原始文件	最终效果
原始文件\15\生日贺卡4.doc	最终效果\15\生日贺卡4.doc

在文档中插入自选图形的具体步骤如下。

① 打开本小节的原始文件，单击【绘图】工具栏中的按钮，然后从弹出的下拉列表中选择【笑脸】选项，此时鼠标指针变成十形状，在文档中合适的位置绘制笑脸形状。

② 按下【Ctrl】键选中刚刚绘制的多个形状，然后单击鼠标右键，从弹出的快捷菜单中选择【设置自选图形格式】菜单项，弹出【设置自选图形格式】对话框，切换到【颜色与线条】选项卡，从【填充】组合框中的【颜色】下拉列表中选择【其他颜色】选项。

选择该菜单项

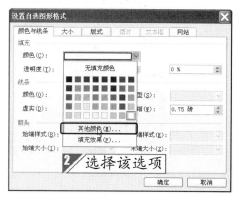

选择该选项

③ 随即弹出【颜色】对话框，切换到【自定义】选项卡，分别在【红色】、【绿色】和【蓝色】微调框中输入要设置的颜色的 RGB 值，设置完毕单击 确定 按钮，返回【设置自选图形格式】对话框，从【线条】组合框中的【颜色】下拉列表中选择【深红】选项。

2 单击该按钮

1 输入 RGB 值

3 选择该选项

④ 设置完毕单击 确定 按钮即可。

15.1.5　插入剪贴画

为了使制作的贺卡更加生动有趣,用户可以在文档中插入系统自带的各种剪贴画。

本小节原始文件和最终效果所在位置如下。	
原始文件	最终效果
原始文件\15\生日贺卡5.doc	最终效果\15\生日贺卡5.doc

在文档中插入剪贴画的具体步骤如下。

① 打开本小节的原始文件,选择【插入】▷【图片】▷【剪贴画】菜单项,弹出【剪贴画】任务窗格,在【搜索文字】文本框中输入"雪花"。

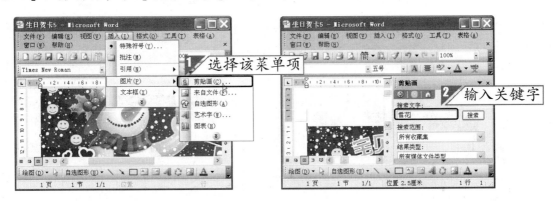

② 输入完毕单击 搜索 按钮即可开始搜索符合关键字要求的剪贴画文件,从搜索结果列表框中选择要插入的剪贴画单击即可将其插入到文档中。

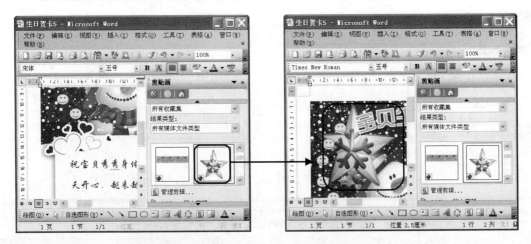

③ 单击【剪贴画】任务窗格右上角的【关闭】按钮 × 将其关闭,双击刚刚插入的剪贴画,弹出【设置图片格式】对话框,切换到【大小】选项卡,从中设置图片的

大小。切换到【版式】选项卡，选择【浮于文字上方】选项。

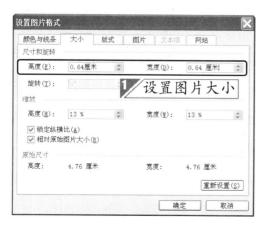 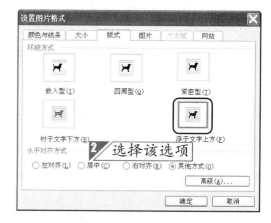

④ 设置完毕单击 ▭确定▭ 按钮，将剪贴画移动到文档中合适的位置，然后复制 4 个相同的剪贴画图片，并根据自己的实际需要调整其位置。

15.2 设计家庭支出统计表

为了使繁杂的数据清晰明了，还可以在 Word 文档中插入表格和图表。

15.2.1 插入表格

用户可以利用【插入表格】对话框在文档中插入现成的表格。

本小节原始文件和最终效果所在位置如下。	
原始文件	最终效果
原始文件\15\家庭支出统计表1.doc	最终效果\15\家庭支出统计表1.doc

在文档中插入表格的具体步骤如下。

① 打开本小节的原始文件，选择【表格】▷【插入】▷【表格】菜单项，弹出【插入表格】对话框，从中设置要插入的表格的列数和行数。

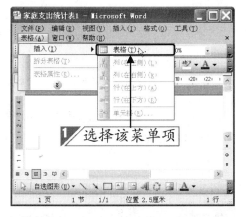

② 设置完毕单击 确定 按钮生成了一个 3×10 的表格。

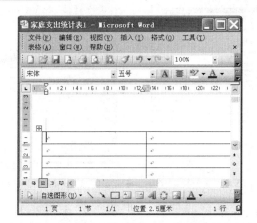

③ 将光标定位到第一行的第一个单元格中，输入文字"家庭支出统计表"。
④ 按照同样的方法在单元格中输入其他的文本内容。

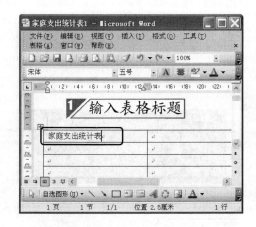
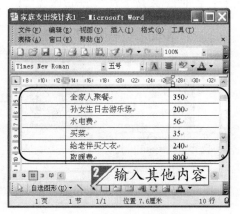

15.2.2　设置表格属性

设置表格属性主要包括设置表格的合并单元格以及设置单元格对齐方式等。

本小节原始文件和最终效果所在位置如下。	
原始文件	最终效果
原始文件\15\家庭支出统计表2.doc	最终效果\15\家庭支出统计表2.doc

① 选中第一行单元格，然后单击鼠标右键，从弹出快捷菜单中选择【合并单元格】菜单项，此时即可将第一行单元格合并为一个单元格。

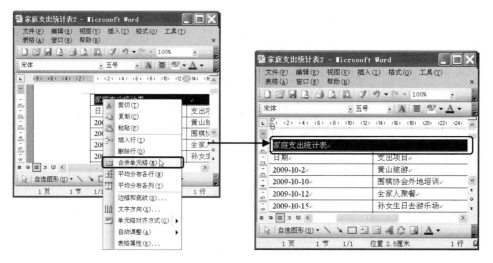

② 当表格的左上角出现⊞标志时，单击该标志选中整个表格，然后在表格上的任意位置单击鼠标右键，在弹出的快捷菜单中选择【单元格对齐方式】➢【居中】菜单项，此时即可将单元格文本内容居中显示。

15.2.3　设计艺术字标题

为了使文档看起来更加美观，用户可以为表格设计艺术字标题。

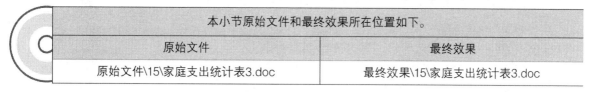

本小节原始文件和最终效果所在位置如下。	
原始文件	最终效果
原始文件\15\家庭支出统计表3.doc	最终效果\15\家庭支出统计表3.doc

设计艺术字标题的具体步骤如下。

① 打开本小节的原始文件，选中第一行单元格，按下【Delete】键将单元格中的文本删除，然后选择【插入】➤【图片】➤【艺术字】菜单项。

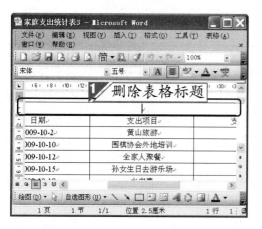
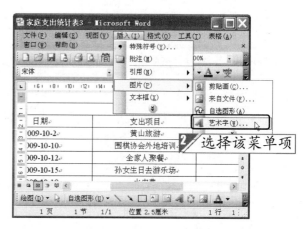

② 随即弹出【艺术字库】对话框，选择一种艺术字样式。

③ 选择完毕单击 确定 按钮，打开【编辑"艺术字"文字】对话框。将"请在此键入您自己的内容"字样全部删掉，然后输入文字"家庭支出统计表"。

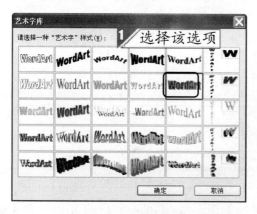
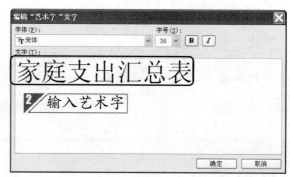

④ 输入完毕单击 确定 按钮，即可在文档中插入艺术字，然后单击插入的艺术字，出现【艺术字】工具栏。

⑤ 选中刚刚插入的艺术字，然后单击【艺术字】工具栏中的【设置艺术字格式】按钮 。

⑥ 随即弹出【设置艺术字格式】对话框，切换到【颜色与线条】选项卡，在【线条】组合框中的【颜色】下拉列表中选择【无线条颜色】选项，然后在【填充】组合框中的【颜色】下拉列表中选择【填充效果】选项。

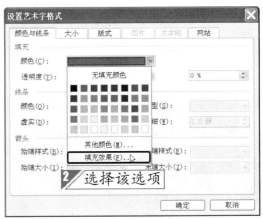

⑦ 随即弹出【填充效果】对话框，切换到【渐变】选项卡，在【颜色】组合框中选中【预设】单选钮，在【预设颜色】下拉列表中选择【碧海青天】选项，然后在【底纹样式】组合框中选中【水平】单选钮，在【变形】组合框中选择第二种样式。

⑧ 单击 确定 按钮，返回【设置艺术字格式】对话框。单击 确定 按钮，即可看到艺术字效果。

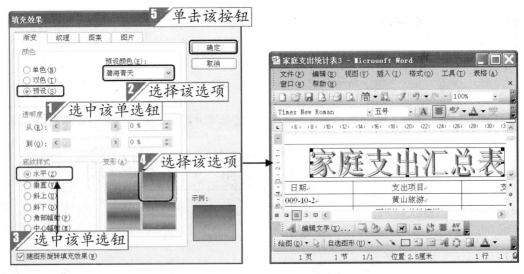

⑨ 单击【艺术字】工具栏中的【艺术字形状】按钮 ，从弹出的下拉列表中选择【波形2】选项。

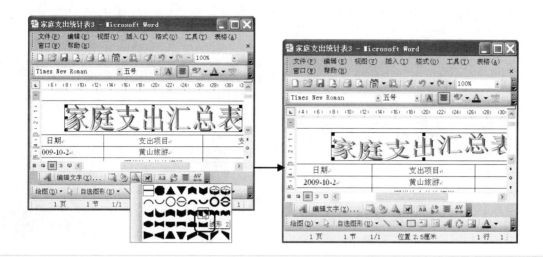

15.2.4　美化表格

除了设置艺术字标题之外，用户还可以对表格中的文本进行一下美化设置，主要包括设置字体格式和设置边框和底纹。

本小节原始文件和最终效果所在位置如下。	
原始文件	最终效果
原始文件\15\家庭支出统计表4.doc	最终效果\15\家庭支出统计表4.doc

美化表格的具体步骤如下。

① 打开本小节的原始文件，选中第二行单元格，然后选择【格式】▶【字体】菜单项，弹出【字体】对话框，切换到【字体】选项卡，从【中文字体】下拉列表中选择【微软雅黑】选项，从【字号】列表框中选择【小四】选项，然后从【字体颜色】下拉列表中选择【深青】选项。设置完毕单击　确定　按钮，效果如图。

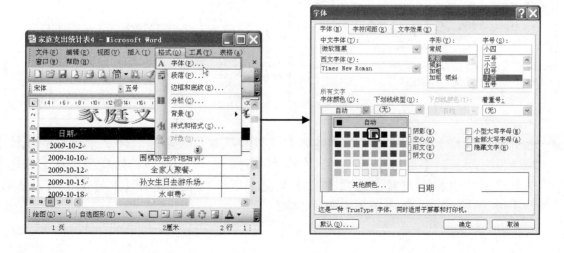

② 选择除了前两行之外的其他单元格，然后单击鼠标右键，从弹出的快捷菜单中选择【字体】菜单项。

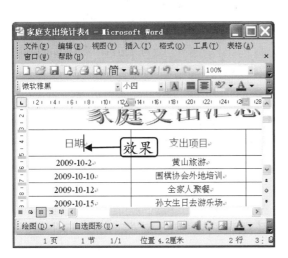
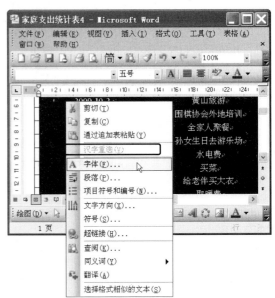

③ 弹出【字体】对话框，切换到【字体】选项卡，从【中文字体】下拉列表中选择【楷体_GB2312】选项，从【字号】列表框中选择【小四】选项，然后从【字体颜色】下拉列表中选择【青色】选项。设置完毕单击 确定 按钮。

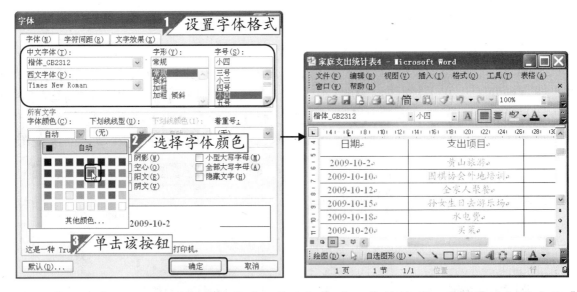

④ 选中整个表格，然后选择【格式】➤【边框和底纹】菜单项，弹出【边框和底纹】对话框，切换到【边框】选项，从【线型】列表框中选择合适的线型，从【颜色】下拉列表中选择【靛蓝】选项，从【宽度】下拉列表中选择【1磅】选项，然后在【设置】组合框中选择【全部】选项。

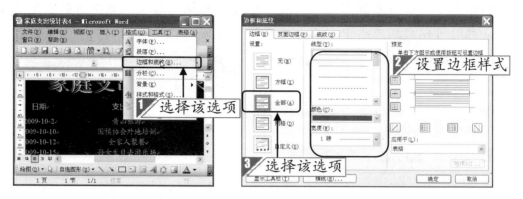

⑤ 切换到【底纹】选项卡，从【填充】颜色面板中选择合适的底纹填充颜色。选择完毕直接单击 确定 按钮即可。

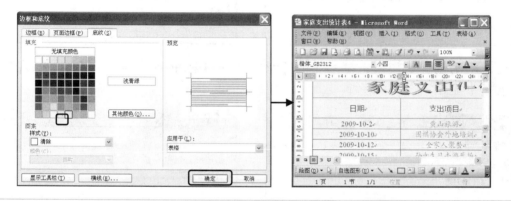

15.2.5　插入图表

为了使表格中的数据看起来更加直观，可以根据表格中的数据创建图表。

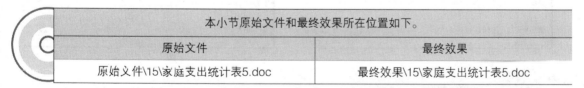

本小节原始文件和最终效果所在位置如下。	
原始文件	最终效果
原始义件\15\家庭支出统计表5.doc	最终效果\15\家庭支出统计表5.doc

① 打开本小节的原始文件，将光标定位到文档中要插入图表的位置，然后选择【插入】➢【图片】➢【图表】菜单项。此时即可在文档中插入一个柱状图表。

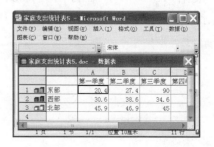

② 根据实际需要修改数据表中的数据，修改完毕单击数据表右上角的【关闭】按钮 ⊠，此时可以看到文档中的图表已经随着数据的更改而变化。

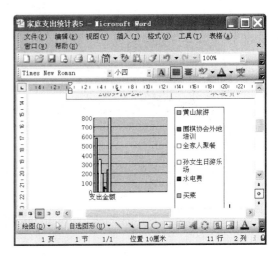

③ 选中刚刚创建的图表，然后单击【格式】工具栏中的【居中】按钮▤，即可将图表居中显示。

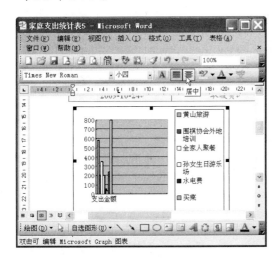
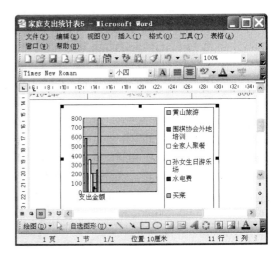

 练兵场 制作健身俱乐部宣传海报

根据 15.2 节介绍的相关知识，制作一个名为"健身俱乐部宣传海报"的文档，操作过程可参见配套光盘\练兵场\制作健身俱乐部宣传海报。

第16章

用 Excel 记录
生活点滴

　　小月告诉爷爷，除了 Word 2003 之外，还有一款比较常用的办公软件，那就是 Excel 2003。Excel 2003 是 Office 2003 系列办公软件的一个重要组件。使用它可以进行数值计算、数据分析以及创建图表等。下面就让我们来看看小月是怎么讲解的吧！

　　关于本章知识，本书配套教学光盘中有相关的多媒体教学视频，请读者参看光盘【表格与幻灯片的魅力\用Excel记录生活点滴】。

光盘链接

- ▶ Excel 都能做什么
- ▶ 认识 Excel 2003
- ▶ 制作通讯录

16.1 Excel都能做什么

Excel 是 Microsoft 公司推出的 Office 办公应用软件包中的一个组件，是最受欢迎的表格处理软件之一。这里以 Excel 2003 为操作平台来讲解 Excel 在日常生活与学习中的各种应用。

● 记录信息数据

为了使杂乱无章的信息数据清晰明了，用户可以将其记录到 Excel 工作表中。例如利用 Excel 2003 制作通讯录。

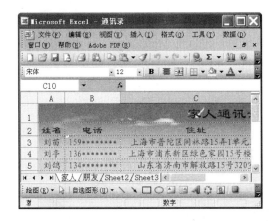

● 利用 Excel 学理财

为了能够更好地理财，用户可以通过 Excel 表格对每月支出进行汇总分析。

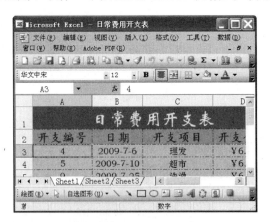

16.2 认识Excel 2003

为了能够更好地使用 Excel 处理数据，首先需要认识一下 Excel 2003。主要包括启动 Excel 2003、认识 Excel 2003 工作界面和退出 Excel 2003。

16.2.1 启动 Excel 2003

启动 Excel 2003 程序的方法主要有 4 种：通过桌面上的快捷图标，通过【开始】菜单，通过任务栏中的快捷方式图标，打开已保存的 Excel 工作簿。

● **通过【开始】菜单**

这是最简单的一种启动 Excel 2003 的方法。单击 开始 按钮，在弹出的下拉列表中选择【所有程序】▶【Microsoft Office】▶【Microsoft Office Excel 2003】菜单项，即可启动 Excel 2003。

● **通过任务栏中的快捷方式图标**

选中创建的 Excel 2003 桌面快捷方式图标，按住鼠标左键不放，将其拖动至任务栏中，此时在任务栏中出现一个【Excel 2003】图标，以后单击此图标即可启动 Excel 2003 程序。

● **通过桌面快捷方式图标**

双击桌面上的【Excel 2003】快捷方式图标，也可启动 Excel 2003 程序。不过要想通过桌面上的【Excel 2003】快捷方式图标启动 Excel 2003，首先需要在桌面上创建快捷方式图标。方法很简单，选择【所有程序】▶【Microsoft

Office】菜单项，在【Microsoft Office Excel 2003】菜单上单击鼠标右键，然后从弹出的快捷菜单中选择【发送到】➤【桌面快捷方式】菜单项，此时即可在桌面上出现一个 Excel 2003 桌面快捷方式图标图。

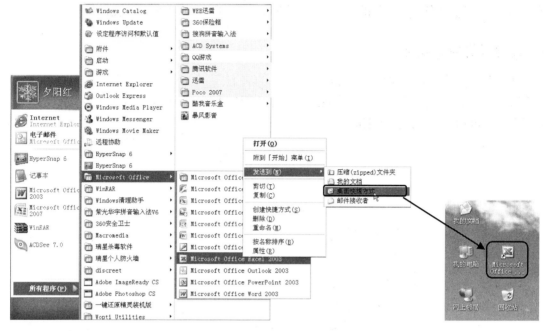

通过已经存在的 Excel 工作簿

如果已经存在某个 Excel 工作簿，则可以通过打开 Excel 工作簿的方式启动 Excel 2003。例如，在【我的电脑】窗口中找到一个 Excel 工作簿，然后双击该工作簿文件，即可启动 Excel 2003 程序。

16.2.2　认识 Excel 2003 工作界面

Excel 2003 与 Word 2003 的工作界面基本类似，由标题栏、菜单栏、工具栏、编辑栏、工作区、任务窗格、行标识、列标识、状态栏以及控制按钮等部分组成。

启动 Excel 2003 程序后，即可看到 Excel 2003 的工作界面。

标题栏

标题栏位于 Excel 2003 工作窗口的最上方，用于显示当前的文件名称。

菜单栏

菜单栏位于标题栏的下方，包含了所有用于显示和执行菜单的命令。

工具栏

默认情况下，在 Excel 2003 窗口中只显示【常用】工具栏和【格式】工具栏，用户可以根据需要显示或隐藏其他工具栏。

任务窗格

任务窗格是位于 Excel 2003 右侧的一个分栏窗口，它会根据用户的操作需求弹出相应的任务窗格界面，以使用户及时获得所需要的工具。

名称框

名称框是用于显示当前活动单元格的地址。

编辑栏

编辑栏用于显示和隐藏当前活动单元格中的数据或者公式。

工作区

工作界面中最大的一块区域即为 Excel 的工作区，在该区域中进行工作表内容的显示和编辑等操作。

🔵 滚动条

滚动条包含水平滚动条和垂直滚动条，拖动滚动条可以查看超出窗口显示范围而未显示出来的内容。

🔵 状态栏

状态栏位于工作窗口的最下方，用于提供相关命令或显示当前操作进程等信息。

🔵 工作表切换按钮

工作表切换按钮包括▣、◀、▶、▣。

🔵 工作表标签

工作表标签位于工作表切换按钮的右边，主要用于在各个工作表之间进行切换。在默认情况下，只显示 3 个工作表标签。

16.2.3 退出 Excel 2003

退出 Excel 2003 程序的方法有以下几种。

(1) 单击 Excel 工作簿右上角的【关闭】按钮▣。

(2) 单击标题栏中的【控制菜单】图标▣，从弹出的快捷菜单中选择【关闭】菜单项；或者直接双击【控制菜单】图标▣。

(3) 选择【文件】➤【退出】菜单项。

(4) 按下【Alt】+【F4】组合键，即可退出 Excel 2003 工作环境。

16.3 制作通讯录

作为全面的表格处理工具，Excel 为用户提供了强大的数据分析和数据处理的功能，具有很大的实用功能。用户可以用 Excel 来制作各种各样的表格，例如制作通讯录。

16.3.1 创建与保存工作簿

要想制作通讯录，首先需要进行创建于保存工作簿的操作。

本小节原始文件和最终效果所在位置如下。	
原始文件	最终效果
无	最终效果\16\通讯录1.xls

创建和保存工作簿的具体步骤如下。

① 启动 Excel 2003 即可创建一个空白的工作簿，然后选择【文件】➢【保存】菜单项。

② 随即弹出【另存为】对话框，从中设置工作簿的保存位置和保存名称。

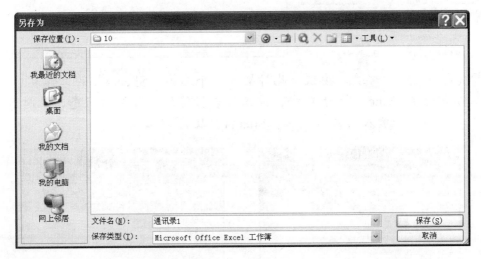

③ 设置完毕单击　保存(S)　按钮即可。

16.3.2　插入与重命名工作表

一个工作簿中默认有 3 张工作表，如果不够用还需要插入新的工作表。本小节介绍插入与重命名工作表的方法。

本小节原始文件和最终效果所在位置如下。	
原始文件	最终效果
原始文件\16\通讯录1.xls	最终效果\16\通讯录2.xls

插入与重命名工作表的具体步骤如下。

① 打开本小节的原始文件，在工作表标签 "Sheet1" 上单击鼠标右键，然后从弹出的快捷菜单中选择【插入】菜单项，弹出【插入】对话框，从中选择【工作表】选项。

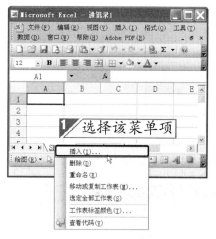
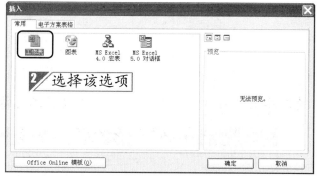

② 选择完毕单击 ⬚确定⬚ 按钮，此时插入一个名为 "Sheet4" 的工作表。

③ 在工作表标签 "Sheet4" 上双击，该工作表标签处于可编辑状态，此时可以更改工作表名称，如输入 "家人" 将 "Sheet4" 改为 "家人"。

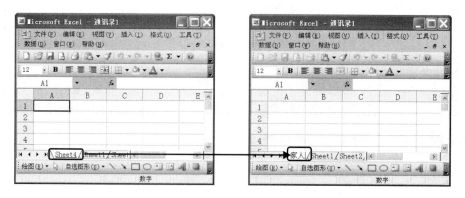

④ 在工作表标签上单击鼠标右键，从弹出的快捷菜单中选择【重命名】菜单项，此时该工作表标签也能处于可编辑状态，如在 "Sheet1" 上单击鼠标右键后，输入 "朋友" 可将 "Sheet1" 改为 "朋友"。

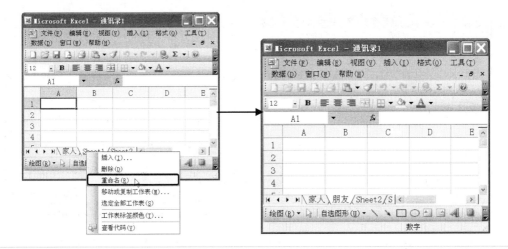

16.3.3 输入表格数据

接下来就可以在表格中输入数据了。

本小节原始文件和最终效果所在位置如下。	
原始文件	最终效果
原始文件\16\通讯录2.xls	最终效果\16\通讯录3.xls

输入表格数据的具体步骤如下。

① 打开本小节的原始文件，单击 "家人" 标签切换到工作表 "家人" 中，在单元格 A1 中输入文字 "家人通讯录"。

② 按照同样的方法输入其他数据内容。

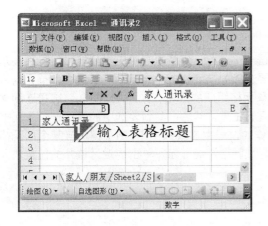

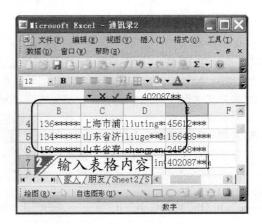

③ 在"朋友"标签上单击，切换到工作表"朋友"中，在单元格 A1 中输入文字"朋友通讯录"。

④ 按照同样的方法输入其他数据内容。

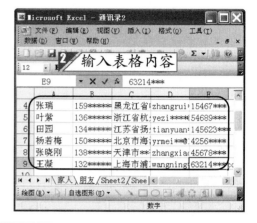

16.3.4　合并单元格

为了使工作表看起来更加美观，还可以根据自己的实际需要进行合并单元格的操作。

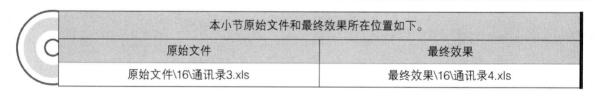

本小节原始文件和最终效果所在位置如下。	
原始文件	最终效果
原始文件\16\通讯录3.xls	最终效果\16\通讯录4.xls

合并单元格的具体步骤如下。

① 打开本小节的原始文件，切换到工作表"家人"中，选中单元格区域"A1:E1"，然后单击格式工具栏中的【合并及居中】按钮📧。

② 此时即可将单元格区域"A1:E1"合并为一个单元格，并且文字"家人通讯录"会居中显示。

小提示 单元格是 Excel 进行独立操作的最小单位，一般是由它对应的列标和行标来表示的，如"A1"。选择单元格的方法很简单，直接在要选择的单元格上单击即可将其选中。单元格区域是指工作表中由连个或者多个相邻或者不相邻的单元格组成的区域，如"A1：E1"。选择连续单元格区域很简单，先选中第一个单元格，然后按下鼠标左键，然后拖动到要选中的最后一个单元格释放即可，如果想选择不相邻的单元格区域，在操作的过程中需要按下【Ctrl】键。当某个单元格或者单元格区域被选中之后，该单元格或者单元格区域就会高亮显示，单击选定区域外的任意单元格即可取消对单元格或者单元格区域的选择。

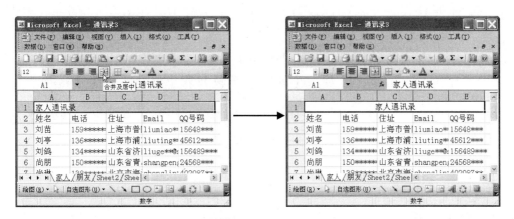

3　切换到工作表"朋友"中，选中单元格区域"A1:E1"，然后单击格式工具栏中的【合并及居中】按钮。

4　此时即可将单元格区域"A1:E1"合并为一个单元格，并且文字将居中显示。

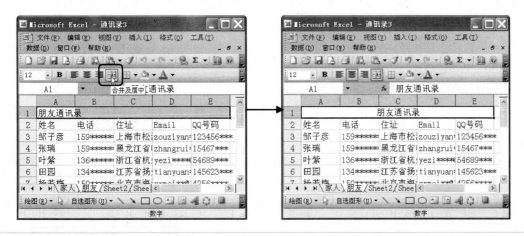

16.3.5　美化工作表

为了使工作表看起来更加美观，还可以根据自己的实际需要对工作表进行各种美化设置，主要包括设置文本字体格式，设置对齐方式、设置边框以及设置工作表背景等。

本小节素材文件、原始文件和最终效果所在位置如下。		
素材文件	原始文件	最终效果
素材文件\16\图片1.jpg	原始文件\16\通讯录4.xls	最终效果\16\通讯录5.xls

● 设置文本字体格式

设置文本字体格式的具体步骤如下。

① 打开本小节的原始文件，切换到工作表"家人"中，选中工作表标题"家人通讯录"，然后选择【格式】➤【单元格】菜单项，弹出【单元格格式】对话框，切换到【字体】选项卡，从【字体】列表框中选择【隶书】选项，从【字号】列表框中选择【20】选项，然后从【颜色】下拉列表中选择【深紫】选项。

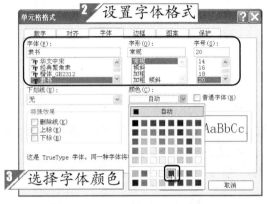

② 设置完毕单击 确定 按钮。

③ 选中单元格区域"A2:E2"，然后单击鼠标右键，从弹出的快捷菜单中选择【设置单元格格式】菜单项。

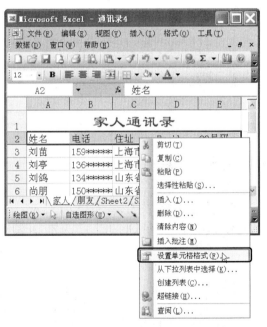

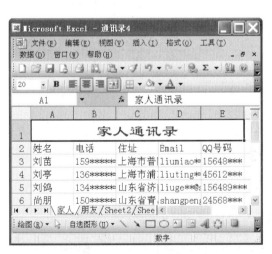

④ 随即弹出【单元格格式】对话框，切换到【字体】选项卡，从【字体】列表框中选择【隶书】选项，从【字号】列表框中选择【14】选项，然后从【颜色】下拉列表中选择【紫罗兰】选项。

⑤ 设置完毕单击 确定 按钮即可。

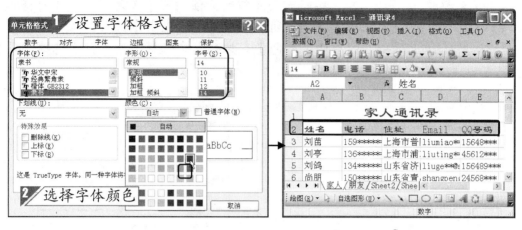

⑥ 选中单元格区域"B3:E7"，按照前面介绍的方法打开【单元格格式】对话框，切换到【字体】选项卡，从【字体】列表框中选择【楷体_GB2312】选项，从【字号】列表框中选择【12】选项，然后从【颜色】下拉列表中选择【深紫】选项。

⑦ 设置完毕单击 确定 按钮即可。

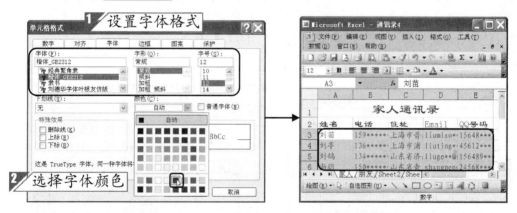

⑧ 切换到工作表"朋友"中，选中工作表标题"朋友通讯录"，然后按照前面介绍的方法打开【单元格格式】对话框，切换到【字体】选项卡，从【字体】列表框中选择【隶书】选项，从【字号】列表框中选择【20】选项，然后从【颜色】下拉列表中选择【深紫】选项。设置完毕单击 确定 按钮即可。

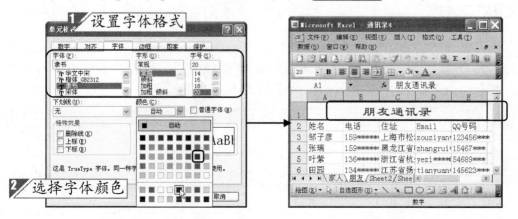

⑨ 选中单元格区域"A2:E2"，按照前面介绍的方法打开【单元格格式】对话框，切换到【字体】选项卡，从【字体】列表框中选择【隶书】选项，从【字号】列表框中选择【14】选项，然后从【颜色】下拉列表中选择【紫罗兰】选项。设置完毕单击 确定 按钮即可。

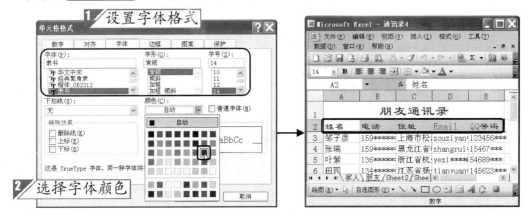

⑩ 选中单元格区域"B3:E9"，按照前面介绍的方法打开【单元格格式】对话框，切换到【字体】选项卡，从【字体】列表框中选择【楷体_GB2312】选项，从【字号】列表框中选择【12】选项，然后从【颜色】下拉列表中选择【深紫】选项。设置完毕单击 确定 按钮即可。

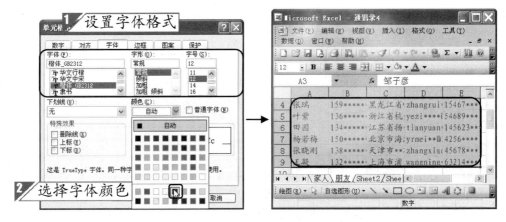

● 设置对齐方式

设置对齐方式的具体步骤如下。

① 切换到工作表"家人"中，选择单元格区域"A2:E7"，然后单击格式工具栏中的【居中】按钮▣。此时该单元格区域中的文本居中显示。

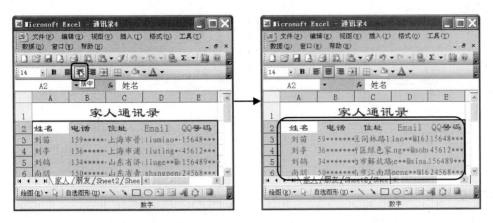

② 将鼠标指针移动到 B 列和 C 列之间的分隔线上，此时鼠标指针变成 ✛ 形状，双击即可自动调整 B 列单元格列宽，使单元格文本完全显示。

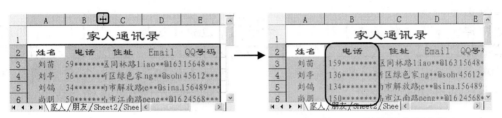

③ 按照同样的方法调整其他单元格列的列宽，以便使单元格文本完全显示。

④ 切换到工作表"朋友"中，选中单元格区域"A2:E9"，然后选择【格式】➤【单元格】菜单项。

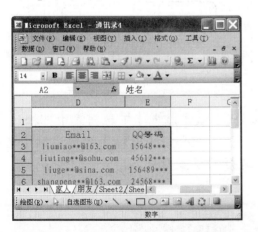
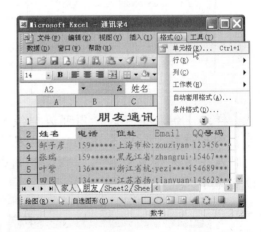

⑤ 随即弹出【单元格格式】对话框，切换到【对齐】选项卡，然后从【水平对齐】下拉列表中选择【居中】选项。

⑥ 设置完毕单击 确定 按钮即可，然后按照前面介绍的方法调整单元格的大小，使单元格内容完全显示。

添加边框和底纹

添加边框和底纹的具体步骤如下。

①　切换到工作表"家人"中，选中单元格区域"A1:E7"，然后选择【格式】▷【单元格】菜单项。

②　随即弹出【单元格格式】对话框，切换到【边框】选项卡，从【样式】列表框中选择外边框线条样式，从【颜色】下拉列表中选择线条颜色，例如选择【深青】选项，然后从【预置】组合框中选择【外边框】按钮，此时在下方的预览框中可以预览到外边框的设置效果。

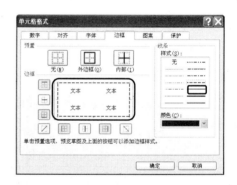

③　从【样式】列表框中选择内部边框线条样式，从【颜色】下拉列表中选择线条颜色，例如选择【深青】选项，然后从【预置】组合框中选择【内部边框】选项，此时在下方的预览框中可以预览到内部边框的设置效果。

④　设置完毕单击[　确定　]按钮即可。

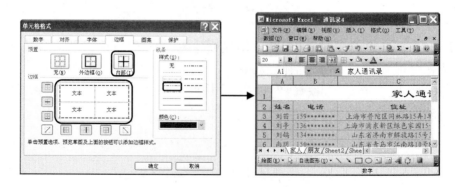

⑤ 切换到工作表"朋友"中，选中单元格区域"A1:E9"，单击鼠标右键，从弹出的快捷菜单中选择【设置单元格格式】菜单项也可以打开【单元格格式】对话框。切换到【边框】选项卡，从【样式】列表框中选择外边框线条样式，从【颜色】下拉列表中选择线条颜色，例如选择【深青】选项，然后从【预置】组合框中选择【外边框】选项，此时在下方的预览框中可以预览到外边框的设置效果。

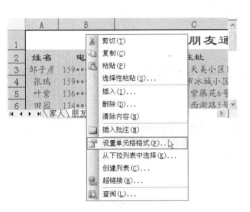 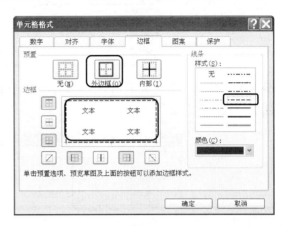

⑥ 从【样式】列表框中选择内部边框线条样式，从【颜色】下拉列表中选择线条颜色，例如选择【深青】选项，然后从【预置】组合框中选择【内部边框】选项，此时在下方的预览框中可以预览到内部边框的设置效果。

⑦ 设置完毕单击 确定 按钮即可。

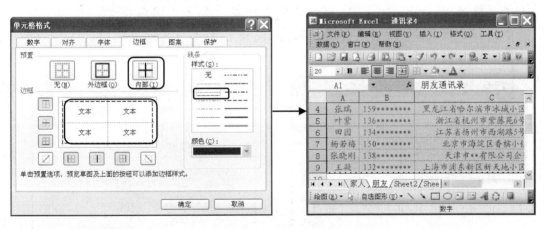

● **设置工作表背景**

设置工作表背景的具体步骤如下。

① 切换到工作表"家人"中，然后选择【格式】➤【工作表】➤【背景】菜单项。

② 随即弹出【工作表背景】对话框，从中选择要作为工作表背景的图片，这里选择图片文件"背景"。

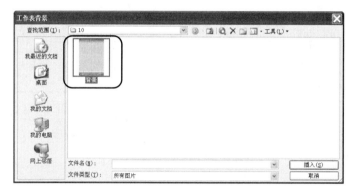

③ 选择完毕单击 插入(S) 按钮即可完成设置，如左下图所示。

④ 切换到到工作表"朋友"中，然后按照同样的方法为其设置同样的工作表背景，结果如右下图所示。

 练兵场 制作家庭药品档案

　　按照 16.3 节介绍的知识，制作"家庭药品档案"工作簿。操作过程可参见配套光盘\练兵场\制作家庭药品档案。

第17章 利用 Excel 学理财

爷爷想制作日常费用开支表和日常开支图表。小月告诉他使用 Excel 2003 就可以完成操作。Excel 2003 不仅可以创建基本的表格，还可以进行数值计算、数据分析以及创建图表等。下面就让我们来看看小月是怎么讲解的吧！

关于本章知识，本书配套教学光盘中有相关的多媒体教学视频，请读者参看光盘【表格与幻灯片的魅力\利用Excel学理财】。

光盘链接

🚩 **制作日常费用开支表**

🚩 **制作日常费用开支图表**

17.1 制作日常费用开支表

在实际生活中，为了更好地开源节流，用户有必要对日常费用的开支进行统计分析。

17.1.1 输入表格数据

要想制作日常费用开支表，首先需要在创建的表格中输入相关数据。

本小节原始文件和最终效果所在位置如下。	
原始文件	最终效果
原始文件\17\日常费用开支表1.xls	最终效果\17\日常费用开支表1.xls

① 打开本小节的原始文件，在单元格 A1 中输入"日常费用开支表"。

② 在单元格区域"A2:D2"中分别输入"开支编号"、"日期"、"开支项目"、"开支金额"。

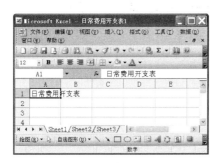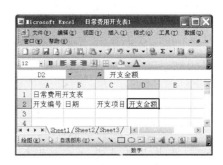

③ 在单元格 A3 中输入"1"，然后按下【Enter】键，再在单元格 A4 中输入"2"，然后选中单元格区域"A3:A4"，将鼠标指针移动到黑色边框的右下角，待鼠标指针变为➕形状时按住鼠标左键不放，拖动到单元格 A12。释放鼠标，即可得到数字序列的填充效果。

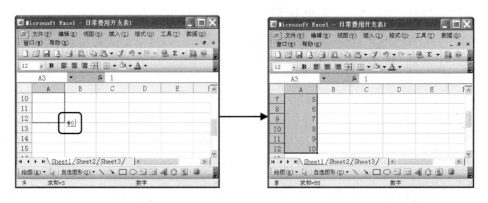

④ 在单元格 B3 中输入日期"2009-7-1"，然后按下【Enter】键确认输入，接着输入其余的日期。

⑤ 根据实际情况，在 C 列输入"开支项目"的相关内容。
⑥ 在 D 列中输入"开支金额"的相关内容。

 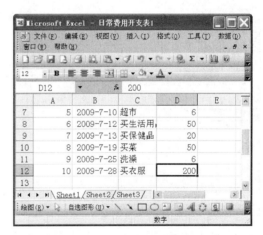

17.1.2　设置单元格格式

输入完表格数据后，接下来需要设置单元格格式。

本小节原始文件和最终效果所在位置如下。	
原始文件	最终效果
原始文件\17\日常费用开支表2.xls	最终效果\17\日常费用开支表2.xls

① 打开本小节的原始文件，选择单元格区域"A1:D1"，然后单击格式工具栏中的【合并及居中】按钮 ，此时即可将该单元格区域合并成一个单元格，并将文本居中显示。

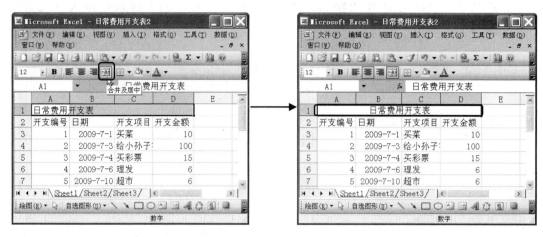

② 选择文本"日常费用开支表"，然后选择【格式】➤【单元格】菜单项，弹出【单元格格式】对话框，切换到【字体】选项卡。从【字体】列表框中选择【华文新魏】选项、从【字号】列表框中选择【24】选项，然后从【颜色】下拉列表中选择字体颜色，例如选择【黄色】选项。

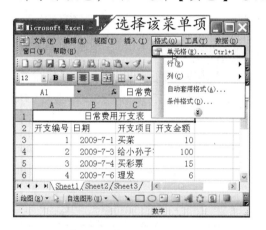

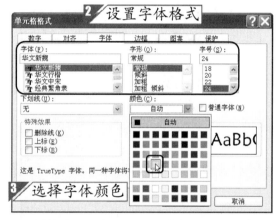

③ 切换到【图案】选项卡，从【颜色】面板中填充颜色，这里选择【青色】选项。设置完毕单击 确定 按钮即可。

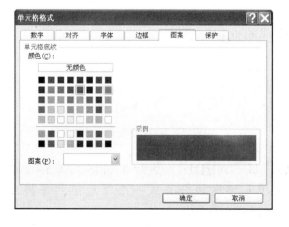

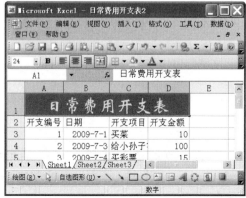

④　选中单元格区域"A2:D2"，然后单击鼠标右键，从弹出的快捷菜单中选择【设置单元格格式】菜单项，弹出【单元格格式】对话框，切换到【字体】选项卡。从【字体】列表框中选择【楷体_GB2312】选项、从【字形】列表框中选择【加粗】选项，从【字号】列表框中选择【16】选项，然后从【颜色】下拉列表中选择字体颜色，例如选择【紫罗兰】选项。

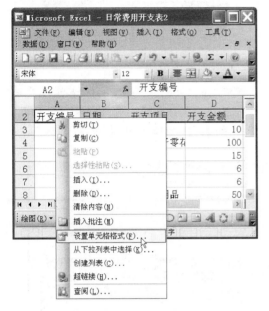

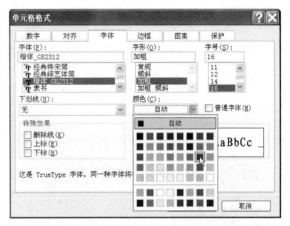

⑤　切换到【图案】选项卡，从【颜色】面板中填充颜色，这里选择【天蓝】选项。

⑥　切换到【对齐】选项卡，从【水平对齐】下拉列表中选择【居中】选项。

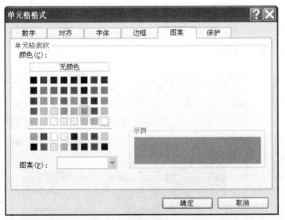

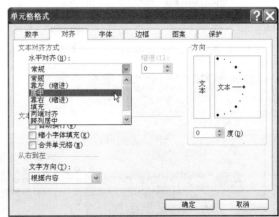

⑦　设置完毕单击　确定　按钮即可。

⑧　将鼠标指针移动到 A 列和 B 列之间的位置，此时鼠标指针变成╬形状，双击即可自动调整列宽，然后根据实际需要调整其他列宽，以便使表格内容完全显示。

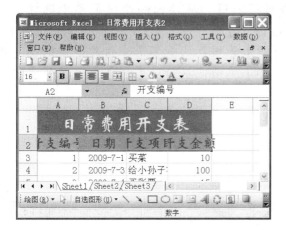

⑨ 选中单元格区域"A3:D12"，然后从字体下拉列表中选择【华文中宋】选项。

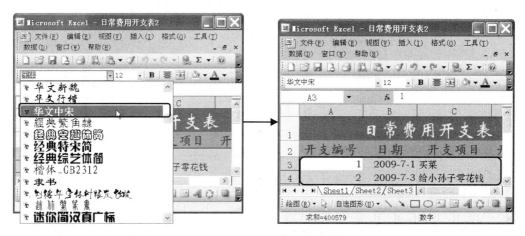

⑩ 单击格式工具栏中的【填充颜色】按钮右侧的下箭头按钮，然后从弹出的下拉列表中选择填充颜色，这里选择【玫瑰红】选项。

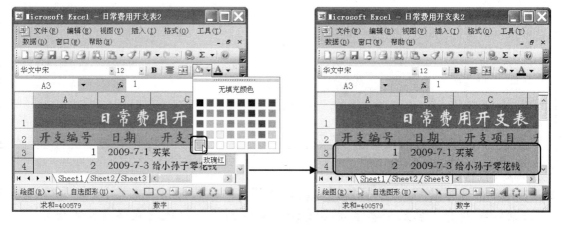

⑪ 单击格式工具栏中的【字体颜色】按钮右侧的下箭头按钮，然后从弹出的下拉列表中选择字体颜色，这里选择【深蓝】选项。

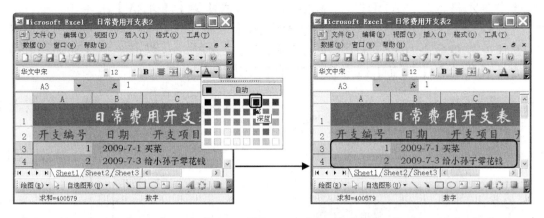

⑫ 单击格式工具栏中的【居中】按钮 ▤，此时该单元格区域中的文本居中显示。

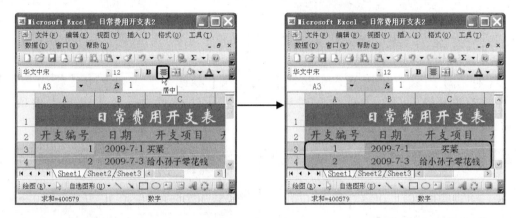

⑬ 选中单元格区域 "D3:D12" 然后按照前面介绍的方法打开【单元格格式】对话框，切换到【数字】选项卡，在【分类】列表框中选择【货币】选项，在【货币符号（国家/地区）】列表框中选择【￥】选项，在【负数】列表框中选择【￥−1,234.10】选项。

⑭ 设置完毕单击 确定 按钮即可，此时该单元格区域中的数据自动变为货币格式。

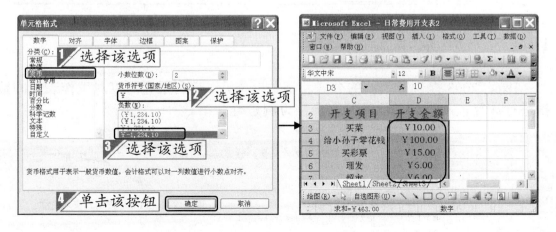

⑮ 选中单元格区域"A1:D12"，然后选择【格式】➤【单元格】菜单项。

⑯ 随即弹出【单元格格式】对话框，切换到【边框】选项卡，从【样式】列表框中选择外边框线条样式，从【颜色】下拉列表中选择外边框颜色，这里选择【粉红】选项，然后在【预置】组合框中选择【外边框】选项。

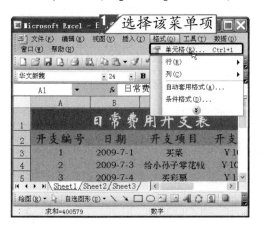
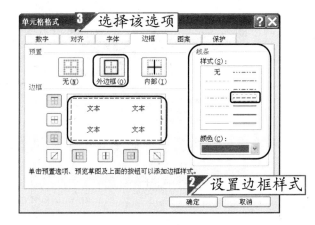

⑰ 从【样式】列表框中选择内部边框样式，从【颜色】下拉列表中选择内部边框颜色，这里选择【深红】选项，然后在【预置】组合框中选择【内部】选项。

⑱ 设置完毕单击 确定 按钮即可。

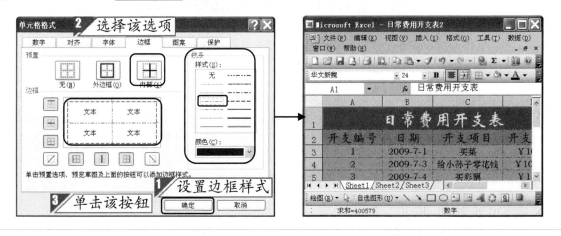

17.1.3 计算开支总额

Excel 2003 提供有强大的公式和函数功能，用户利用它可以对工作表中的数据进行计算。本小节以计算开支金额为例进行介绍。

本小节原始文件和最终效果所在位置如下。	
原始文件	最终效果
原始文件\17\日常费用开支表3.xls	最终效果\17\日常费用开支表3.xls

计算开支金额的具体步骤如下。

① 打开本小节的原始文件，在单元格 C13 中输入"合计"。

② 选中单元格 D13，然后选择【插入】➢【函数】菜单项。

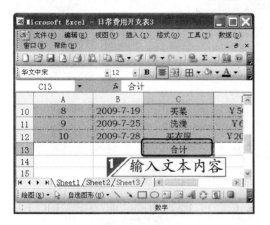 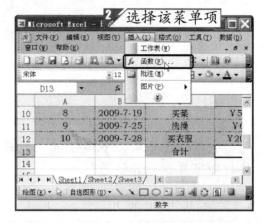

③ 随即弹出【插入函数】对话框，从【或选择类别】下拉列表中选择【常用函数】选项，然后从【选择函数】列表框中选择【SUM】选项。

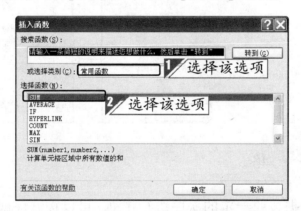

④ 选择完毕单击 ▢确定 按钮，弹出【函数参数】对话框。

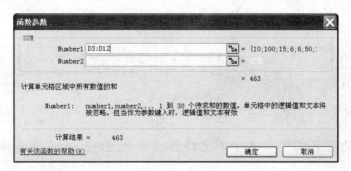

⑤ 单击【Number1】文本框右侧的【折叠】按钮，将【函数参数】对话框折叠，然后在工作表中选择函数参数区域，这里选中单元格区域"D3:D12"。

⑥ 选择完毕单击【展开】按钮，展开【函数参数】对话框，然后单击 确定 按钮即可显示计算结果。

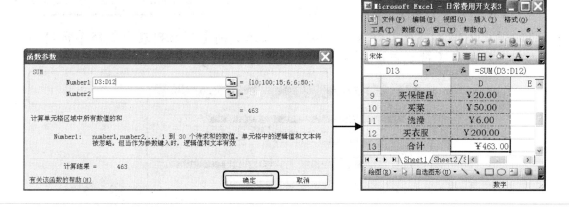

17.1.4 排序表格

排序是指将数据按照一定的次序进行排列，可以按升序或降序排列。为了使表格中的数据看起来更加条理和清晰，用户可以对表格中的数据进行排序操作，本小节以对表格中的数据按照开支金额升序排列为例进行介绍。

本小节原始文件和最终效果所在位置如下。	
原始文件	最终效果
原始文件\17\日常费用开支表4.xls	最终效果\17\日常费用开支表4.xls

① 打开本小节的原始文件，选中单元格区域"A2:D12"，然后选择【数据】➤【排序】菜单项。

② 随即弹出【排序】对话框，从【主要关键字】下拉列表中选择【开支金额】选项，然后选中【升序】单选钮。

③ 设置完毕单击 [确定] 按钮，此时表格中的数据按照开支金额升序排列。

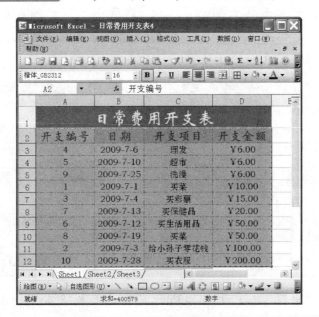

17.1.5 数据筛选

筛选是指把数据清单中所有不满足条件的数据记录隐藏起来，只显示满足条件的数据记录，其操作方法非常简单。

本小节原始文件和最终效果所在位置如下。	
原始文件	最终效果
原始文件\17\日常费用开支表5.xls	最终效果\17\日常费用开支表5.xls

数据筛选的具体步骤如下。

① 选中单元格区域"A2:D12"中的任意一个单元格，然后单击【数据】➤【筛选】
➤【自动筛选】菜单项，进入数据筛选状态。

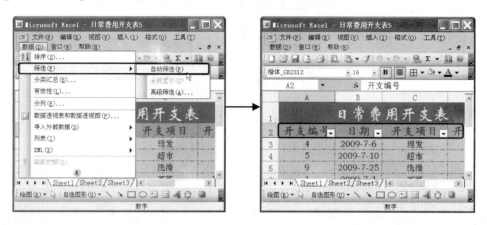

② 此时单击开支金额单元格右侧的▼按钮，在弹出的下拉列表中即可看到所有的筛
选条件。例如在【开支项目】下拉列表中选择【买菜】选项，可看到工作表中只
显示出"买菜"的开支情况。

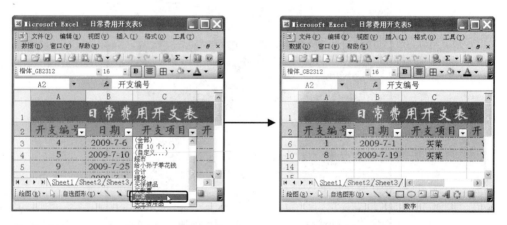

③ 如果要重新显示所有数据，则可单击开支项目单元格右侧的下箭头按钮▼，从弹
出的下拉列表中选择【（全部）】选项。

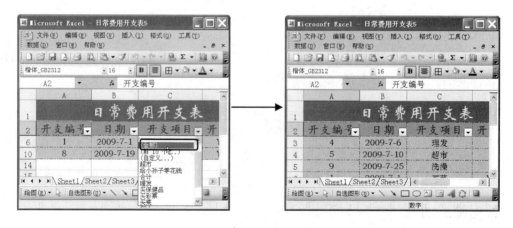

④ 如果要取消数据筛选，则再次选择【数据】▷【筛选】▷【自动筛选】菜单项即可。

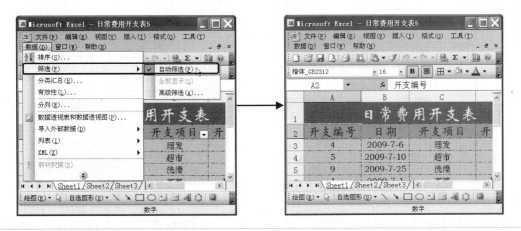

17.1.6 分类汇总

分类汇总是对数据表格进行管理的一种方法，它能够自动地汇总数据。在对数据进行汇总之前，首先要对汇总的字段进行排序。

本小节原始文件和最终效果所在位置如下。	
原始文件	最终效果
原始文件\17\日常费用开支表6.xls	最终效果\17\日常费用开支表6.xls

① 打开本小节的原始文件，由于前面已经对工作表数据按照开支金额升序排列了，在此就不用排序数据了。选中单元格区域"A3:D12"中的任意一个单元格，然后选择【数据】▷【分类汇总】菜单项。

② 随即弹出【分类汇总】对话框，从【分类字段】下拉列表中选择【开支项目】选项，其他保持默认设置。

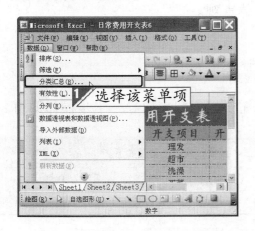

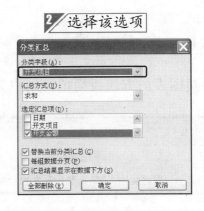

③ 设置完毕单击 ⟨ 确定 ⟩按钮即可完成对数据的分类汇总。

④ 如果要取消分类汇总，则可再次选择【数据】➤【分类汇总】菜单项。

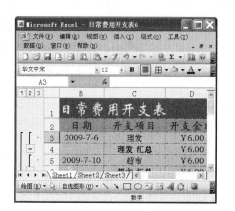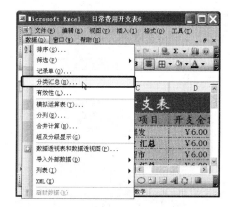

⑤ 随即弹出【分类汇总】对话框，单击 ⟨全部删除(R)⟩按钮即可取消对工作表数据的分类汇总。

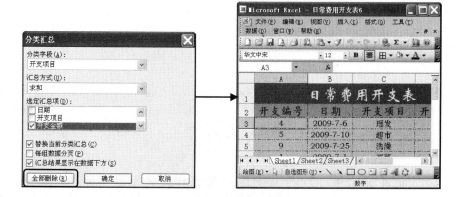

17.2 制作日常费用开支图表

　　除了利用前面介绍的方法编辑表格数据之外，用户还可以制作图表，这样可以使表格中繁多的数据看起来更加立体直观。

17.2.1　创建图表

　　创建图表的方法很简单，用户只需要根据图表向导一步步操作即可。

本小节原始文件和最终效果所在位置如下。	
原始文件	最终效果
原始文件\17\日常费用开支表1.xls	最终效果\17\日常费用开支表1.xls

① 打开本小节的原始文件，然后选择【插入】➢【图表】菜单项，弹出【图表向导–4步骤之1–图表类型】对话框，从中选择要创建的图表的类型。

② 选择完毕单击 下一步(N) > 按钮，弹出【图表向导–4步骤之2–图表源数据】对话框。单击 按钮，在工作表中选择图表的数据源，这里选中单元格区域"C2:D12"。

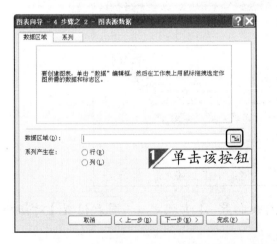

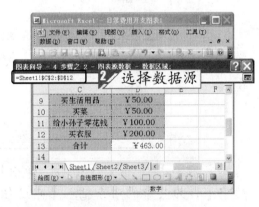

③ 选择完毕单击 按钮，弹出【源数据】对话框。

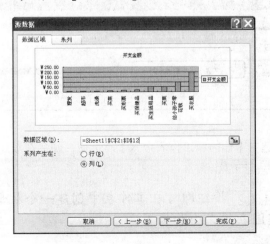

④ 单击 下一步(N) > 按钮，弹出【图表向导-4 步骤之 3 -图表选项】对话框，切换到【标题】选项卡，在【图表标题】文本框中输入"日常费用开支图表"。

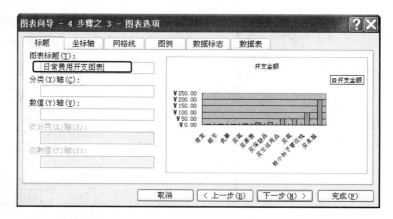

⑤ 切换到【图例】选项卡，在【位置】组合框中选中【右上角】单选钮。

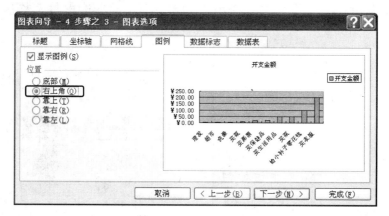

⑥ 选择完毕单击 下一步(N) > 按钮，弹出【图表向导-4 步骤之 4 -图表位置】对话框，选中【作为其中的对象插入】单选钮。

▏ **小提示** ▏如果选中【作为新工作表插入】单选钮，则会在工作簿中插入一张全新的工作表，创建的图表显示在该工作表中。

⑦ 选择完毕单击 完成(F) 按钮即可在工作表中创建一个柱形图表。

⑧ 根据实际需要调整图表的大小和位置。

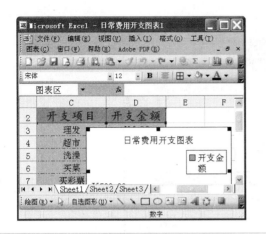 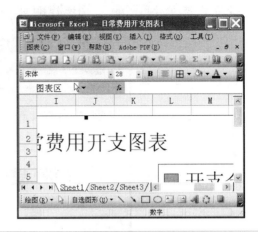

17.2.2 美化图表

为了使图表看起来更加美观，用户还需要对图表进行一下美化设置。

本小节素材文件、原始文件和最终效果所在位置如下。		
素材文件	原始文件	最终效果
素材文件\17\图片1.jpg、图片2jpg	原始文件\17\日常费用开支图表2.doc	最终效果\17\日常费用开支图表2.doc

● 设置图表标题

设置图表标题的具体步骤如下。

① 打开本小节的原始文件，选择图表标题"日常费用开支图表"，然后选择【格式】▷【图表标题】菜单项。

② 随即弹出【图表标题格式】对话框，切换到【字体】选项卡，从【字体】列表框中选择【隶书】选项，从【字号】列表框中选择【36】选项，然后从【颜色】下拉列表中选择合适的字体颜色，这里选择【深紫】选项。

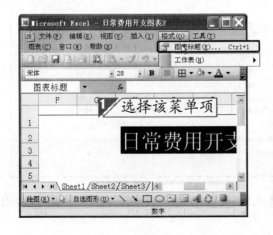 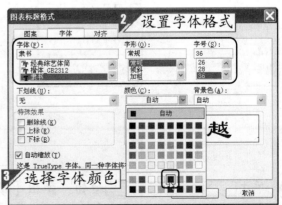

③ 设置完毕单击 确定 按钮即可。

● **设置图表区格式**

设置图表区格式的具体步骤如下。

① 选择图表区，然后单击鼠标右键，从弹出的快捷菜单中选择【图表区格式】菜单项。

② 随即弹出【图表区格式】对话框，切换到【图案】选项卡。

③ 单击 填充效果(I)... 按钮，弹出【填充效果】对话框，切换到【图片】选项卡。

4️⃣ 单击 选择图片(L)... 按钮，弹出【选择图片】对话框，从中选择要作为图表区背景图片的图片文件，这里选择素材文件"图片 1"。

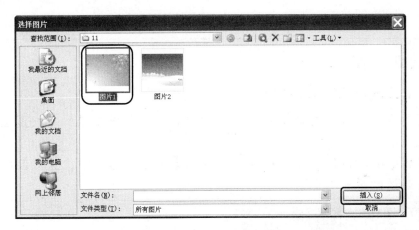

5️⃣ 选择完毕单击 插入(S) 按钮，返回【填充效果】对话框，此时在【图片】预览框中可以预览到填充效果。

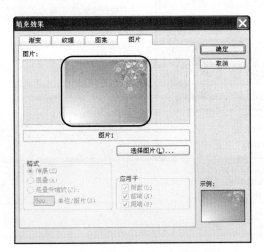

⑥ 单击[确定]按钮，返回【图表区格式】对话框，此时在下方的【示例】框中可以预览到图片的填充效果。

⑦ 单击[确定]按钮即可完成设置。

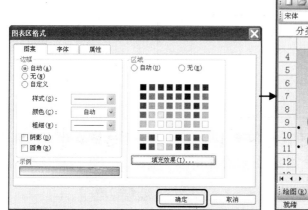

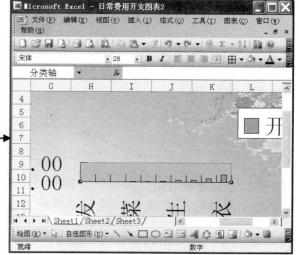

设置绘图区格式

设置绘图区格式的具体步骤如下。

① 选择绘图区，然后单击鼠标右键，从弹出的快捷菜单中选择【绘图区格式】菜单项。

② 随即弹出【绘图区格式】对话框，切换到【图案】选项卡，从右侧的颜色面板中选择绘图区的填充颜色。

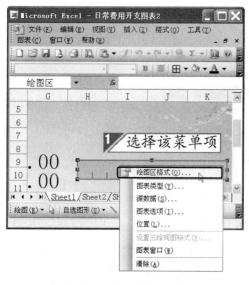

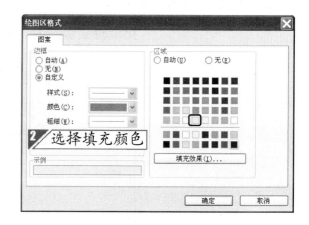

③ 设置完毕单击[确定]按钮即可。

设置数值轴和分类轴格式

设置数值轴和分类轴格式的具体步骤如下。

1. 选择数值轴（即图表的垂直坐标轴），然后单击鼠标右键，从弹出的快捷菜单中选择【坐标轴格式】菜单项。随即弹出【坐标轴格式】对话框，切换到【刻度】选项卡，在【主要刻度单位】文本框中输入"50"，在【次要刻度单位】文本框中输入"50"。

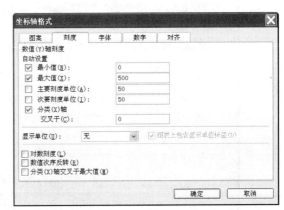

2. 切换到【字体】选项，从【字号】列表框中选择【16】选项。设置完毕直接单击 ［确定］按钮即可，然后根据实际需要调整图表的大小。

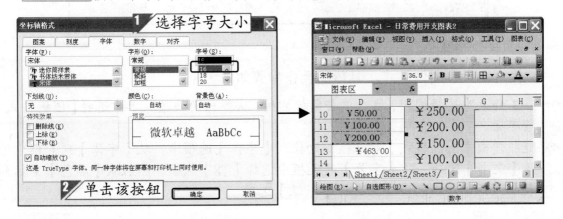

③ 选中分类轴（即图表的水平坐标轴），然后单击鼠标右键，从弹出的快捷菜单中选择【坐标轴格式】菜单项。

④ 随即弹出【坐标轴格式】对话框，切换到【字体】选项，从【字号】列表框中选择【14】选项。

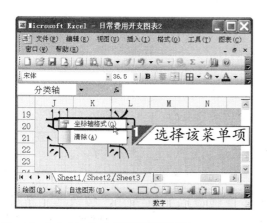
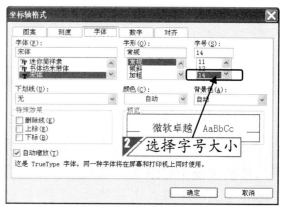

⑤ 设置完毕单击 确定 按钮即可。

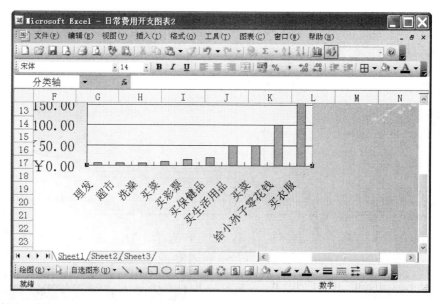

设置图例格式

接下来设置图例格式，具体的操作步骤如下。

① 在工作表中选择图例，然后单击鼠标右键，从弹出的快捷菜单中选择【图例格式】菜单项。

② 随即弹出【图例格式】对话框，切换到【字体】选项卡，从【字体】列表框中选择【隶书】选项，从【字号】列表框中选择【18】选项，然后从【颜色】下拉列表中选择字体颜色，这里选择【深绿】选项。

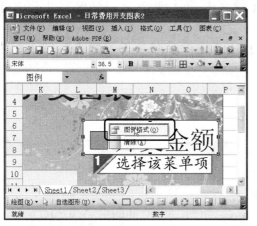
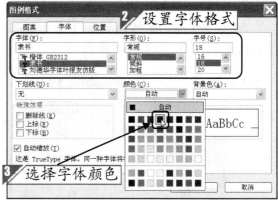

③ 切换到【图案】选项卡，单击 填充效果(I)... 按钮，弹出【填充效果】对话
框，切换到【图片】选项卡。

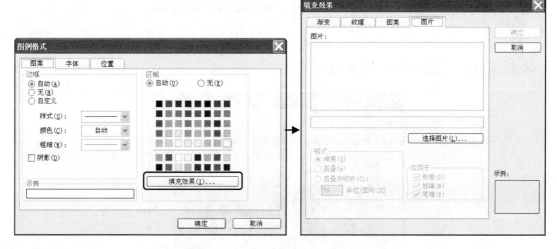

④ 单击 选择图片(L)... 按钮，弹出【选择图片】对话框，从中选择要作为图表区
背景图片的图片文件，这里选择素材文件"图片 2"。

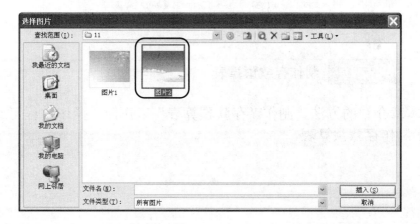

⑤ 选择完毕单击 [　插入(S)　] 按钮，返回【填充效果】对话框，此时在【图片】预览框中可以预览到填充效果。

⑥ 单击 [　确定　] 按钮，返回【图例格式】对话框，此时在下方的【示例】框中可以预览到图片的填充效果。

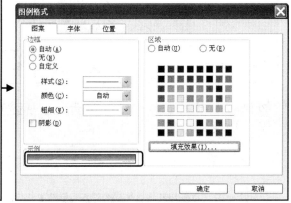

⑦ 单击 [　确定　] 按钮即可完成设置。

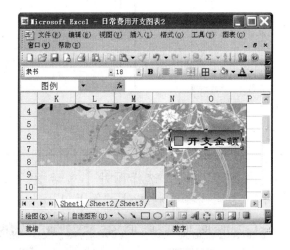

练兵场　制作存款预算表

　　按照本章介绍的方法，制作"存款预算表"工作簿。操作过程可参见配套光盘\练兵场\制作存款预算表。

第18章 制作漂亮的幻灯片

爷爷看到王奶奶制作的健身讲座演示文稿，很喜欢。小月告诉他这个一点也不难，使用办公软件 PowerPoint 2003 就可以很轻松地制作出漂亮的演示文稿。下面就让我们来看看小月是怎么讲解的吧！

关于本章知识，本书配套教学光盘中有相关的多媒体教学视频，请读者参看光盘【表格与幻灯片的魅力\制作漂亮的幻灯片】。

光盘链接

- PowerPoint 都能做什么
- 认识 PowerPoint 2003
- 演示文稿的基本操作
- 制作儿童相册
- 设置幻灯片动画
- 设置幻灯片切换

18.1 PowerPoint都能做什么

PowerPoint 是 Micrsoft 公司推出的 Office 办公应用软件包中的一个组件,是最受欢迎的幻灯片制作软件之一。这里以 PowerPoint 2003 为操作平台来讲解 PowerPoint 在日常生活与学习中的各种应用。

在 PowerPoint 中可以轻松、高效地制作出图文并茂、声形兼备、变化效果丰富多彩的多媒体演示文稿。例如使用幻灯片制作漂亮的儿童相册。

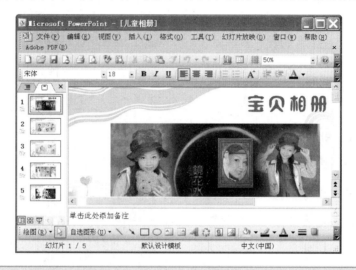

18.2 认识PowerPoint 2003

为了能够更好地使用 PowerPoint 制作幻灯片,首先需要认识一下 PowerPoint 2003。主要包括启动 PowerPoint 2003、认识 PowerPoint 2003 工作界面和退出 PowerPoint 2003。

18.2.1　启动 PowerPoint 2003

启动 Excel 2003 程序的方法主要有 4 种:通过桌面上的快捷图标;通过【开始】菜单;通过任务栏中的快捷方式图标;打开已保存的 PowerPoint 演示文稿。

● 通过【开始】菜单

这是最简单的一种启动 PowerPoint 2003 的方法。单击 ![开始]按钮,在弹出的下拉列表中选择【所有程序】➤【Microsoft Office】➤【Microsoft Office PowerPoint 2003】菜单项,即可启动 PowerPoint 2003。

● 通过任务栏中的快捷方式图标

　　选中创建的 PowerPoint 2003 桌面快捷方式图标，按住鼠标左键不放，将其拖动至任务栏中，此时即可在任务栏中出现一个【PowerPoint 2003】图标，单击此图标可启动 PowerPoint 2003 程序。

● 通过桌面快捷方式图标

　　双击桌面上的【PowerPoint 2003】快捷方式图标，也可启动 PowerPoint 2003 程序。不过要想通过桌面上的【PowerPoint 2003】快捷方式图标启动 PowerPoint 2003，首先需要在桌面上创建快捷方式图标，方法很简单。选择【所有程序】 ＞【Microsoft Office】菜单项，在【Mircrosoft Office PowerPoint 2003】菜单上单击鼠标右键，然后从弹出的快捷菜单中选择【发送到】 ＞【桌面快捷方式】菜单项，此时即可在桌面上出现一个 PowerPoint 2003 桌面快捷方式图标。

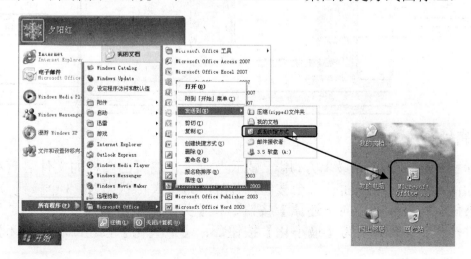

● **通过已经存在的 PowerPoint 演示文稿**

如果已经存在某个 PowerPoint 演示文稿，则可以通过打开 PowerPoint 演示文稿的方式启动 PowerPoint 2003。例如，在【我的电脑】窗口中找到一个 PowerPoint 演示文稿，如在"D:\外行学从入门到精通书稿"文件夹找到"儿童相册"演示文稿，然后双击该演示文稿文件，即可启动 PowerPoint 2003 程序。

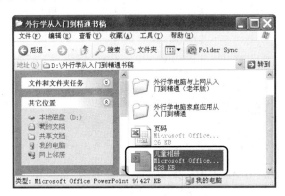

18.2.2 认识 PowerPoint 2003 工作界面

PowerPoint 2003 与 Word 2003 和 Excel 2003 的工作界面基本类似，由标题栏、菜单栏、工具栏、任务窗格、幻灯片窗格，幻灯片编辑区以及状态栏等部分组成。

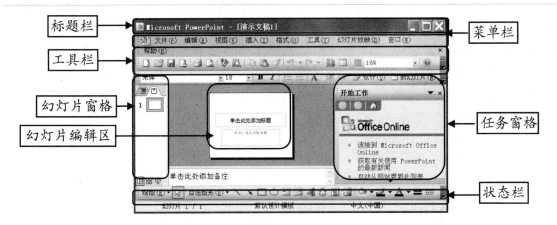

● **标题栏**

标题栏位于窗口的最上方,用于显示当前正在编辑的文档的文件名等相关信息。其中标题栏的最右面有 3 个按钮,当窗口为最大化状态时, 3 个按钮分别为：【最小化】按钮■、【向下还原】按钮■和【关闭】按钮■；当窗口不是最大化状态时, 3 个按钮分别为【最小化】按钮■、【最大化】按钮■和【关闭】按钮■。

● **菜单栏**

　菜单栏位于标题栏的下方，包含了所有用于显示和执行菜单的命令。

● **工具栏**

　默认情况下，在工具栏中列出了一些常用的工具按钮。

● **任务窗格**

　任务窗格是位于 PowerPoint 2003 右侧的一个分栏窗口，它会根据用户的操作需求弹出相应的任务窗格界面，以使用户及时获得所需要的工具。

● **幻灯片窗格**

　在该区域中幻灯片以缩略图的形式显示，用户可以根据自己的实际需要选择相应的幻灯片。

● **幻灯片编辑区**

　工作界面中最大的一块区域即为 PowerPoint 的工作区，在该区域中进行幻灯片的显示和编辑等操作。

● **状态栏**

　状态栏位于工作窗口的最下方，用于提供相关命令或显示当前操作进程等信息。

18.2.3　退出 PowerPoint 2003

退出 PowerPoint 2003 程序的方法有以下几种。

（1）单击 PowerPoint 演示文稿右上角的【关闭】按钮✕。

（2）单击标题栏中的【控制菜单】图标◙，从弹出的快捷菜单中选择【关闭】菜单项；或者双击【控制菜单】图标◙。

（3）选择【文件】➢【退出】菜单项。

（4）按下【Alt】+【F4】组合键，即可退出 PowerPoint 2003 工作环境。

18.3　演示文稿的基本操作

　演示文稿的基本操作主要包括新建演示文稿、保存演示文稿以及打开和关闭演示文稿。

18.3.1　新建演示文稿

启动 PowerPoint 2003 中文版应用程序以后，首先需要建立一个新文件或者打开已有的文件，然后才能进行演示文稿的绘制和处理操作。

PowerPoint 本身提供有创建演示文稿的向导，用户可以根据向导的提示逐步地完成创建工作。如果用户有特别的要求，还可以根据需要自己创建空白文档，或者使用设计模板来创建演示文稿。

1.　创建空白演示文稿

创建空白演示文稿的具体步骤如下。

① 按照前面介绍的方法打开 PowerPoint 工作窗口，然后选择【文件】➢【新建】菜单项，窗口右侧将弹出【新建演示文稿】任务窗格。

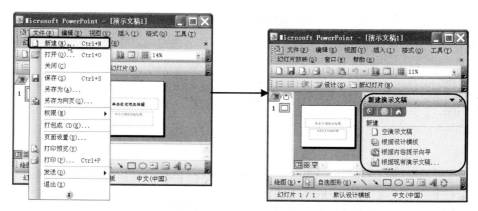

② 单击【新建】组合框中的【空演示文稿】链接即可切换到【应用幻灯片版式：】任务窗格，然后根据需要选择相应的版式，用户就可以根据版式的提示输入文档了。

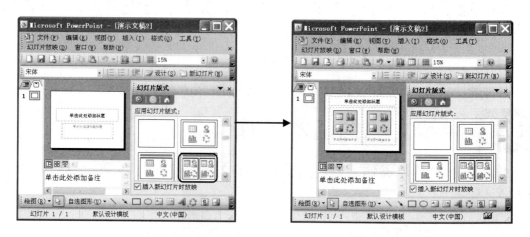

2. 利用设计模板创建演示文稿

用户利用设计模板创建演示文稿，仍然需要通过任务窗格来创建。具体的操作步骤如下。

① 选择【文件】▷【新建】菜单项，弹出【新建演示文稿】任务窗格，然后单击【新建】组合框中的【根据设计模板】链接，切换到【幻灯片设计】任务窗格。

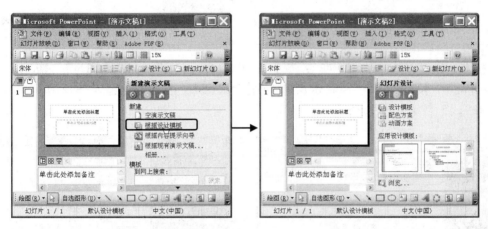

② 在【幻灯片设计】任务窗格中单击一种设计模板，选中的模板格式就会应用到幻灯片文档中。

3. 利用内容提示向导创建演示文稿

用户在【新建演示文稿】任务窗格中单击【根据内容提示向导】链接，就可以按照向导的提示一步步地创建演示文稿，具体的操作步骤如下。

① 选择【文件】▷【新建】菜单项，在窗口右侧会打开【新建演示文稿】任务窗格。单击【新建】组合框中的【根据内容提示向导】链接，打开【内容提示向导】对话框。

② 单击 下一步(N) > 按钮，随即会弹出【内容提示向导－［通用］】对话框，单击 全部(A) 按钮，此时会显示所有的演示文稿类型，从中选择一种演示文稿类型，例如选择【贺卡】选项。

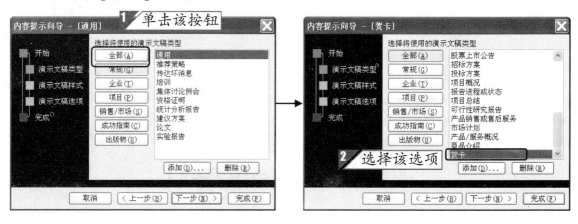

③ 如果该类型演示文稿未安装，则可单击 下一步(N) > 按钮，弹出【Microsoft Office PowerPoint】对话框。

④ 单击 是(Y) 按钮即可开始安装。

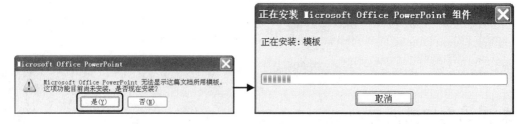

⑤ 安装完毕后返回【内容提示向导－［贺卡］】对话框，单击 下一步(N) > 按钮，打开【内容提示向导－［贺卡］】对话框，从中选择输出类型，这里选中【屏幕演示文稿】单选钮。

⑥ 单击 下一步(N) > 按钮，弹出【演示文稿选项】对话框，从中输入演示文稿的标题"贺卡"。

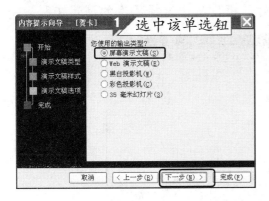 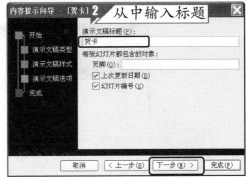

⑦ 单击 下一步(N) > 按钮，弹出【完成】对话框，然后单击 完成(F) 按钮即可创建一个新的演示文稿。

 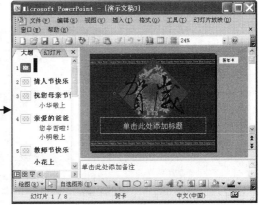

4. 根据现有演示文稿创建演示文稿

还可以在以前编辑的演示文稿的基础上创建新的演示文稿，具体的操作步骤如下。

① 按照前面介绍的方法打开【新建演示文稿】任务窗格，单击【根据现有演示文稿】链接。

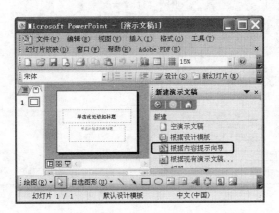

② 随即弹出【根据现有演示文稿新建】对话框，从中选择已有的演示文稿。

③ 选择完毕单击 创建(C) 按钮即可根据选择的演示文稿创建一个新的演示文稿，用户根据自己的实际需要进行修改即可。

5. 根据相册创建演示文稿

根据相册创建演示文稿的具体步骤如下。

① 按照前面介绍的方法打开【新建演示文稿】任务窗格，然后单击【相册】链接，弹出【相册】对话框。

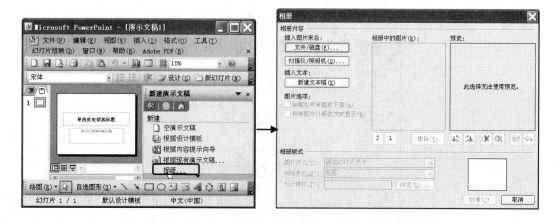

② 单击 文件/磁盘(F)... 按钮，弹出【插入新图片】对话框，从中选择要插入的图片
文件。

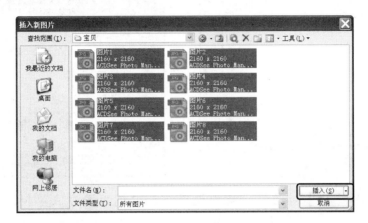

③ 选择完毕单击 插入(S) 按钮，返回【相册】对话框，从【图片版式】下拉列表
中选择【2 张图片】选项，然后从【相框形状】下拉列表中选择【矩形】选项。
设置完毕单击 创建(C) 按钮即可。

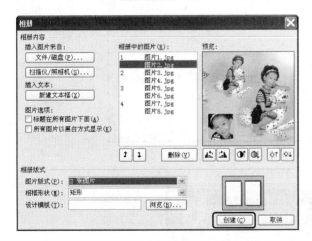
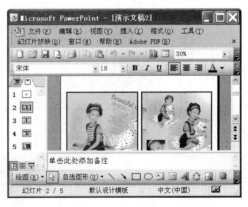

18.3.2　保存演示文稿

　　保存演示文稿是处理演示文稿的重要一步。如果想要在其他的时间再一次看
到已经编辑好的演示文稿，就必须先将演示文稿保存在磁盘中。

1.　保存新的演示文稿

　　保存新的演示文稿的具体步骤如下。

① 选择【文件】▶【保存】菜单项或者单击工具栏中的【保存】按钮 。

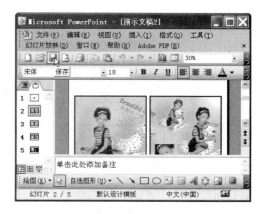

② 随即弹出【另存为】对话框，从中设置演示文稿的保存位置和保存名称。

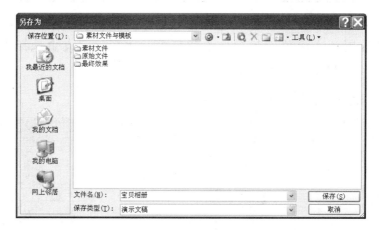

③ 设置完毕单击 保存(S) 按钮即可。

2. 保存已有的演示文稿

保存已有的演示文稿的方法很简单，选择【文件】➤【保存】菜单项或者单击工具栏中的【保存】按钮 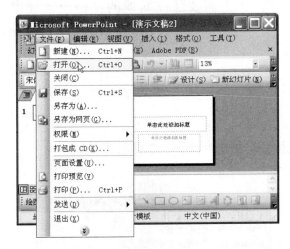即可。

18.3.3　打开与关闭演示文稿

对于已经保存在硬盘上的演示文稿，要想对其进行编辑、排版和放映等操作首先需要将其打开。当编辑完毕再将其关闭。

1.　打开演示文稿

打开演示文稿的具体步骤如下。

① 按照前面介绍的方法打开 PowerPoint 工作窗口，然后选择【文件】➤【打开】菜单项，或者单击工具栏中的【打开】按钮 。

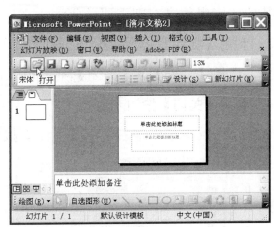

② 随即弹出【打开】对话框，从中选择要打开的演示文稿。

③ 设置完毕单击 打开(O) 按钮即可。

2. 关闭演示文稿

当打开或者创建了一个保存好的文档后，如果需要建立其他的文档或者使用其他的应用程序，则需要关闭演示文稿。关闭演示文稿的方法有以下两种。

● **利用【文件】➢【关闭】菜单项**

选择【文件】➢【关闭】菜单项即可关闭相应的演示文稿。

● **利用【关闭】按钮⊠**

单击菜单栏中最右边的【关闭】按钮⊠即可关闭相应的演示文稿。

18.4 制作儿童相册

认识了 PowerPoint 之后，老年朋友就可以利用它制作图文并茂的演示文稿了。本节以为孙女制作儿童相册为例进行介绍。

18.4.1　插入与删除幻灯片

在制作演示文稿的过程中，经常需要添加幻灯片，或者删除不需要的幻灯片。

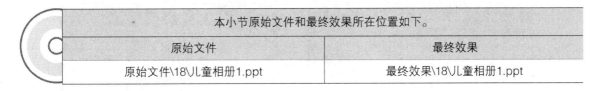

本小节原始文件和最终效果所在位置如下。	
原始文件	最终效果
原始文件\18\儿童相册1.ppt	最终效果\18\儿童相册1.ppt

1.　插入幻灯片

● 利用右键快捷菜单

① 打开本小节的原始文件，在要插入幻灯片的位置单击鼠标右键，然后从弹出的快捷菜单中选择【新建幻灯片】菜单项。

② 随即可在选中的幻灯片下方插入一张新的幻灯片。

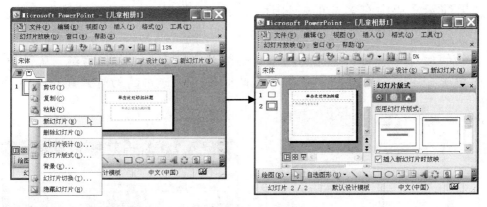

● 利用【插入】菜单项

① 选中要插入幻灯片的位置，然后选择【插入】➤【新幻灯片】菜单项。

② 随即可在选中的幻灯片下方插入一张新的幻灯片。

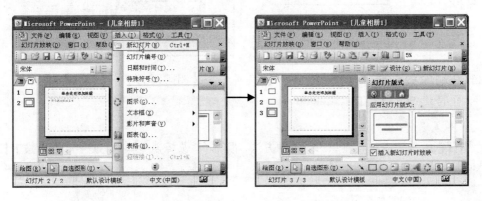

● **利用组合键**

此外，用户还可以利用【Ctrl】+【M】组合键插入幻灯片，方法很简单。选中要插入幻灯片的位置，然后按下【Ctrl】+【M】组合键即可插入一张新幻灯片。

2. 删除幻灯片

如果演示文稿中有多余的幻灯片，用户还可以将其删除。具体的操作步骤如下。

① 在左侧的幻灯片列表中选择要删除的幻灯片，然后单击鼠标右键，从弹出的快捷菜单中选择【删除幻灯片】菜单项。此时即可将选中的幻灯片删除。

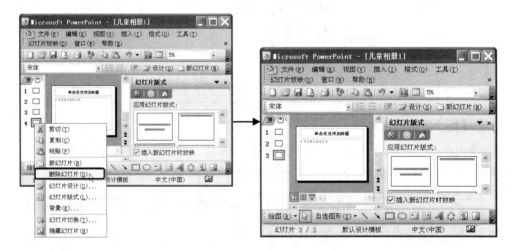

② 选中要删除的幻灯片，然后选择【编辑】➤【删除幻灯片】菜单项。

③ 随即可将选中的幻灯片删除。

小提示 还有一种删除幻灯片的方法，很简单。选择要删除的幻灯片，然后按下【Delete】键确认即可。

18.4.2　设计幻灯片

设计幻灯片的操作主要包括进行页面设置、设置幻灯片版式、设置幻灯片背景，以及输入并编辑文本等。

本小节素材文件、原始文件和最终效果所在位置如下。		
素材文件	原始文件	最终效果
素材文件\18\图片1.jpg	原始文件\18\儿童相册2.ppt	最终效果\18\儿童相册2.ppt

1.　页面设置

对幻灯片进行页面设置的具体步骤如下。

① 打开本小节的原始文件，然后选择【文件】▷【页面设置】菜单项，弹出【页面设置】对话框。

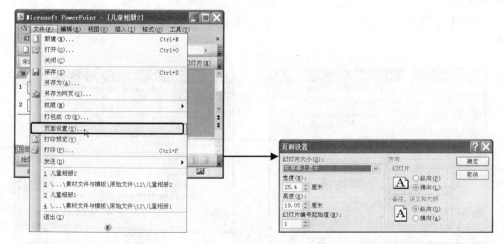

② 分别在【宽度】和【高度】微调框中输入"30"和"15"，设置完毕单击 确定 。

按钮即可。

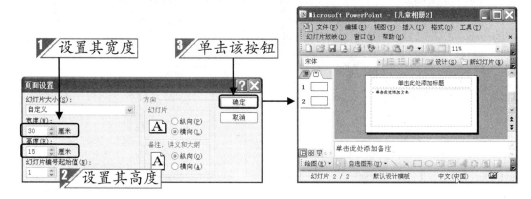

2. 设置幻灯片版式

设置幻灯片版式的具体步骤如下。

① 在左侧的幻灯片窗格中选择第 1 张幻灯片，然后选择【格式】➤【幻灯片版式】菜单项，弹出【幻灯片版式】任务窗格。

② 从中选择合适的幻灯片版式，例如选择【只有标题】选项。选中第 2 张幻灯片，然后选择【空白】选项，单击【幻灯片版式】任务窗格右侧的【关闭】按钮 × 将其关闭。

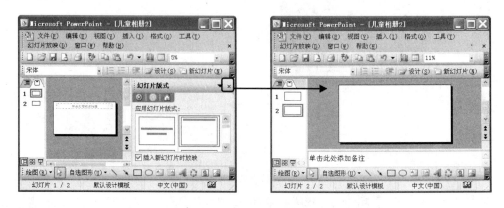

3. 设置幻灯片背景

　　为了使幻灯片看起来更加美观，用户还可以为幻灯片设置背景，具体的操作步骤如下。

① 在幻灯片窗格中选择第 1 张幻灯片，然后选择【格式】➢【背景】菜单项，弹出【背景】对话框，从下拉列表中选择【填充效果】选项。

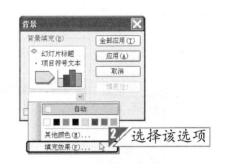

② 随即弹出【填充效果】对话框，切换到【图片】选项卡。

③ 单击 [选择图片(L)...] 按钮，弹出【选择图片】对话框，从中选择要设置为幻灯片背景的图片文件，这里选择素材文件"图片 1"。

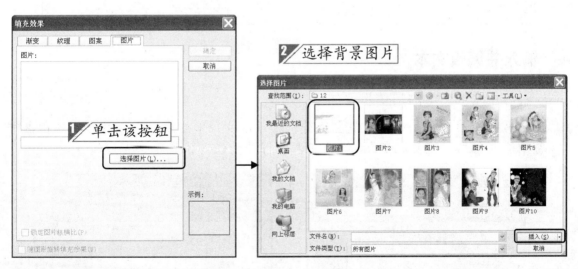

④ 设置完毕单击 [插入(S)] 按钮，返回【填充效果】对话框，此时在【图片】预览框中可以预览到背景设置效果。

⑤ 单击 [确定] 按钮，返回【背景】对话框，此时在预览框汇总可以预览到设置效果。

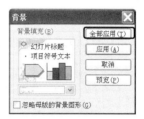

⑥　单击 全部应用(T) 按钮即可完成设置。

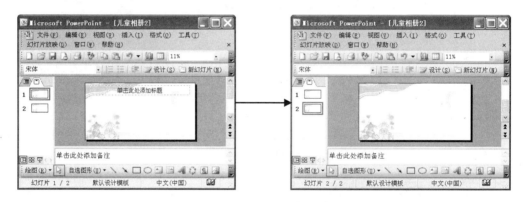

4.　输入并编辑文本

输入并编辑文本的具体步骤如下。

① 选中第1张幻灯片，单击标题占位符，此时占位符中会出现闪烁的光标。在占位符中输入标题"宝贝相册"，然后在占位符外的任意位置单击完成输入。

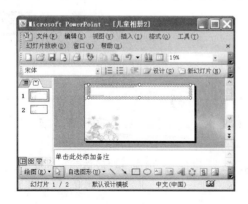

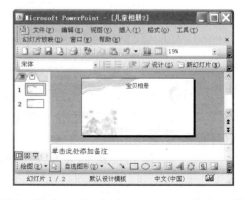

② 选择刚刚输入的标题文本，选择【格式】➤【字体】菜单项，弹出【字体】对话

框，从【中文字体】下拉列表中选择【苏新诗卵石体】选项（或其他字体），从【字号】列表框中选择【48】选项，然后从【颜色】下拉列表中选择【其他颜色】选项。

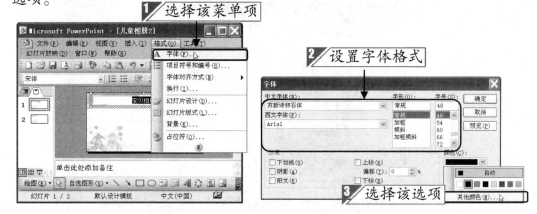

③ 随即弹出【颜色】对话框，切换到【标准】选项卡，从【颜色】面板中选择合适的字体颜色，设置完毕单击 确定 按钮，返回【字体】对话框。单击 确定 按钮即可完成设置，并调整标题占位符的位置。

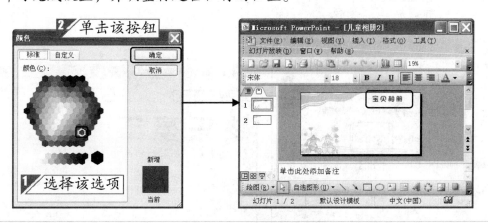

18.4.3　插入图形对象

接下来需要在演示文稿中插入图形对象，主要包括艺术字和图片。

本小节素材文件、原始文件和最终效果所在位置如下。		
素材文件	原始文件	最终效果
素材文件\18\图片1.jpg~图片10.jpg	原始文件\18\儿童相册3.ppt	最终效果\18\儿童相册3.ppt

1. 插入艺术字

在幻灯片中插入艺术字的具体步骤如下。

① 打开本小节的原始文件，在幻灯片窗格中选择第 2 张幻灯片，然后选择【插入】
➤【图片】➤【艺术字】菜单项。

② 随即弹出【艺术字库】对话框，从【请选择一种"艺术字"样式】列表框中选择
艺术字样式，如下图所示，选择完毕单击 ☐ 确定 按钮，弹出【编辑"艺术字"
文字】对话框，从【字体】下拉列表中选择【方正综艺_GBK】选项，从【字号】
下拉列表中选择【40】选项，然后在【文字】文本框中输入"快乐童年"，并在
每个字之间添加一个空格。

 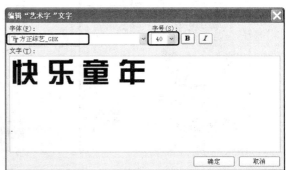

③ 设置完毕单击 ☐ 确定 按钮，将鼠标指针移动到艺术字上，按下左键不放，将其
拖动到合适的位置后释放鼠标左键即可。

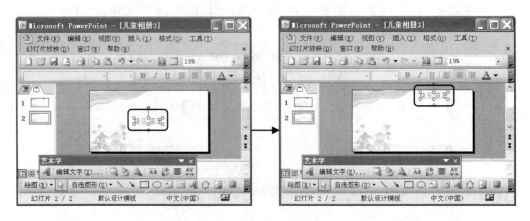

④ 单击【艺术字】工具栏中的【艺术字形状】按钮▲，然后从弹出的下拉列表中选择【倒 V 形】选项。

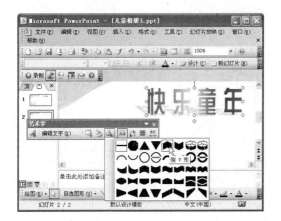 

> 　💡 **小提示**　本小节中用到的字体"方正综艺_GBK"不是电脑中自带的字体，需要用户自己
> 下载并安装到自己的电脑上才能使用。

2.　插入图片

在幻灯片中插入图片的具体步骤如下。

① 在幻灯片窗格中选择第 2 张幻灯片，然后单击鼠标右键，从弹出的快捷菜单中选择【复制】菜单项。

② 在幻灯片窗格中第 2 张幻灯片后的空白处单击鼠标右键，从弹出的快捷菜单中选择【粘贴】菜单项。

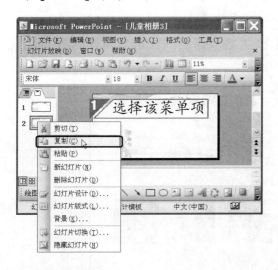 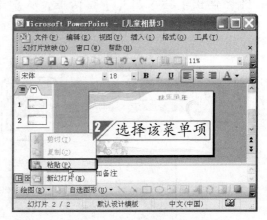

③ 此时即可在第 2 张幻灯片后面复制一张相同的幻灯片。

④ 按照同样的方法再复制两张相同的幻灯片。

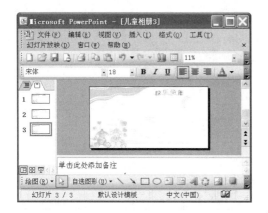 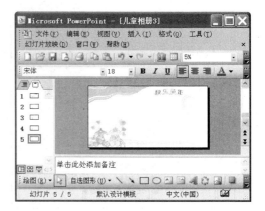

⑤ 在幻灯片窗格中选择第 1 张幻灯片，然后选择【插入】➤【图片】➤【来自文件】
菜单项。

⑥ 随即弹出【插入图片】对话框，从中选择要插入的图片文件，这里选择素材文件
"图片 2"。

⑦ 选择完毕单击 [插入(S)] 按钮，将图片插入到幻灯片上，在插入的图片上双击，弹出【设置图片格式】对话框，切换到【尺寸】选项卡，从中设置图片的大小。设置完毕单击 [确定] 按钮，然后根据实际需要调整图片的位置。

⑧ 在幻灯片窗格中选择第2张幻灯片，然后按照同样的方法从中插入素材文件"图片3"和"图片4"，并根据实际需要调整其大小和位置。

⑨ 在幻灯片窗格中选择第3张幻灯片，然后按照同样的方法从中插入素材文件"图片5"和"图片6"，并根据实际需要调整其大小和位置。

⑩ 在幻灯片窗格中选择第4张幻灯片，然后按照同样的方法从中插入素材文件"图片7"和"图片8"，并根据实际需要调整其大小和位置。

⑪ 在幻灯片窗格中选择第5张幻灯片，然后按照同样的方法从中插入素材文件"图片9"和"图片10"，并根据实际需要调整其大小和位置。

18.5 设置幻灯片动画

为了使演示文稿放映起来更加动感十足，还可以为幻灯片设置动画效果。

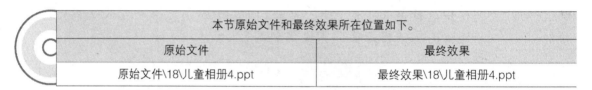

本节原始文件和最终效果所在位置如下。	
原始文件	最终效果
原始文件\18\儿童相册4.ppt	最终效果\18\儿童相册4.ppt

为幻灯片设置动画效果的具体步骤如下。

① 打开本节的原始文件，然后选择【幻灯片放映】➢【自定义动画】菜单项。

② 弹出【自定义动画】任务窗格。

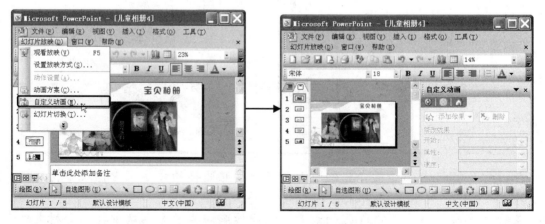

③ 选中第 1 张幻灯片中的标题占位符。单击 添加效果 ▼按钮，从弹出的下拉列表中选择【进入】➢【飞入】菜单项。

④ 即可添加一个飞入的动画效果，用户还可以根据需要进行设置。从【开始】下拉列表中选择【之前】选项，从【方向】下拉列表中选择【自左侧】选项，然后从【速度】下拉列表中选择【慢速】选项。

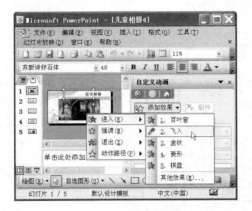 

⑤ 选择图片占位符，单击 ☆ 添加效果 ▼ 按钮，从弹出的下拉列表中选择【进入】▶【百叶窗】选项。从【开始】下拉列表中选择【之后】选项，从【方向】下拉列表中选择【水平】选项，然后从【速度】下拉列表中选择【慢速】选项。

⑥ 选中第 2 张幻灯片中的艺术字，单击 ☆ 添加效果 ▼ 按钮，从弹出的下拉列表中选择【进入】▶【菱形】选项。从【开始】下拉列表中选择【之后】选项，从【方向】下拉列表中选择【外】选项，从【速度】下拉列表中选择【慢速】选项。

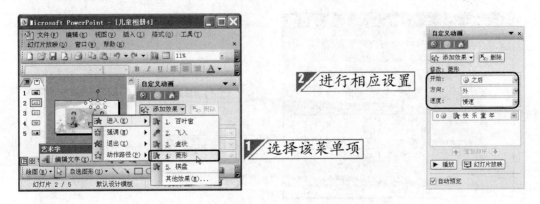

⑦ 选中第 2 张幻灯片中左侧的图片，单击 ☆ 添加效果 ▾ 按钮，从弹出的下拉列表中选择【进入】➢【棋盘】选项。从【开始】下拉列表中选择【之后】选项，从【方向】下拉列表中选择【跨越】选项，然后从【速度】下拉列表中选择【慢速】选项。

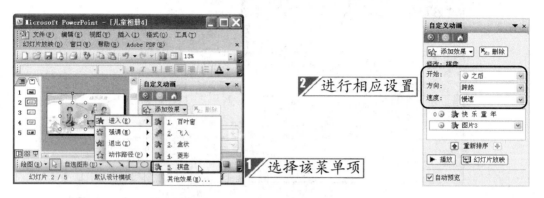

⑧ 选中第 2 张幻灯片中右侧的图片，单击 ☆ 添加效果 ▾ 按钮，从弹出的下拉列表中选择【进入】➢【棋盘】选项。从【开始】下拉列表中选择【之后】选项，从【方向】下拉列表中选择【跨越】选项，从【速度】下拉列表中选择【慢速】选项。

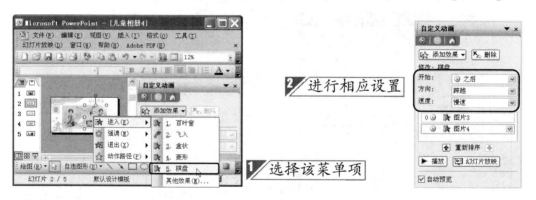

⑨ 选中第 3 张幻灯片中的艺术字，单击 ☆ 添加效果 ▾ 按钮，从弹出的下拉列表中选择【进入】➢【盒状】选项。从【开始】下拉列表中选择【之后】选项，从【方向】下拉列表中选择【内】选项，从【速度】下拉列表中选择【慢速】选项。

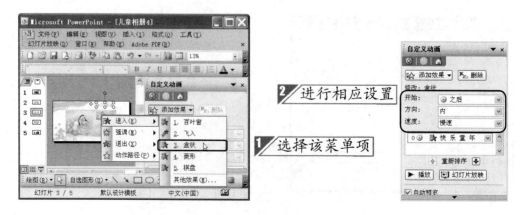

⑩ 选中第 3 张幻灯片中左侧的图片，单击 ⯎ 添加效果▼ 按钮，从弹出的下拉列表中选择【进入】➤【飞入】选项。从【开始】下拉列表中选择【之后】选项，从【方向】下拉列表中选择【自左下部】选项，从【速度】下拉列表中选择【慢速】选项。

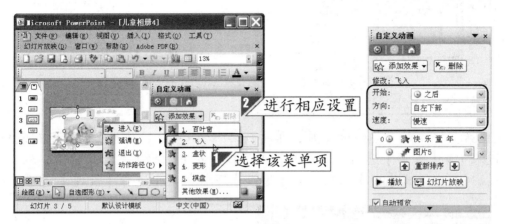

⑪ 选中第 3 张幻灯片中右侧的图片，单击 ⯎ 添加效果▼ 按钮，从弹出的下拉列表中选择【进入】➤【飞入】选项。从【开始】下拉列表中选择【之后】选项，从【方向】下拉列表中选择【自右下部】选项，从【速度】下拉列表中选择【慢速】选项。

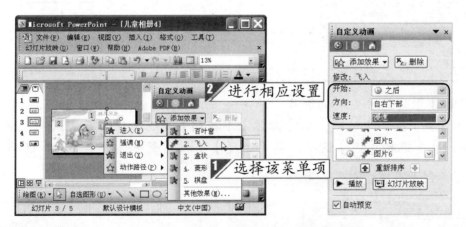

⑫ 选中第 4 张幻灯片中的艺术字，然后单击 ⯎ 添加效果▼ 按钮，从弹出的下拉列表中选择【进入】➤【飞入】选项。从【开始】下拉列表中选择【之后】选项，从【方向】下拉列表中选择【自左下部】选项，从【速度】下拉列表中选择【慢速】选项。

⑬ 选中第 4 张幻灯片左侧的图片，单击 添加效果 按钮，从弹出的下拉列表中选择【进入】➤【菱形】选项。从【开始】下拉列表中选择【之后】选项，从【方向】下拉列表中选择【内】选项，从【速度】下拉列表中选择【慢速】选项。

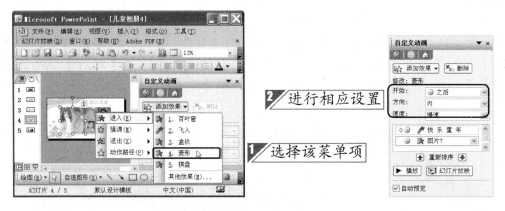

⑭ 选中第 4 张幻灯片右侧的图片，单击 添加效果 按钮，从弹出的下拉列表中选择【进入】➤【菱形】选项。从【开始】下拉列表中选择【之后】选项，从【方向】下拉列表中选择【内】选项，从【速度】下拉列表中选择【慢速】选项。

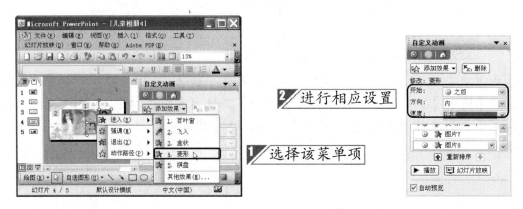

⑮ 选中第 5 张幻灯片中的艺术字，单击 添加效果 按钮，从弹出的下拉列表中选择【进入】➤【棋盘】选项。从【开始】下拉列表中选择【之后】选项，从【方向】下拉列表中选择【跨越】选项，从【速度】下拉列表中选择【慢速】选项。

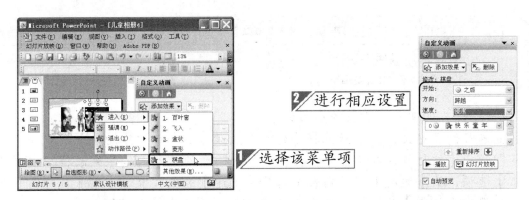

⑯ 选中第 5 幻灯片左侧的图片，单击 ☆ 添加效果 ▼ 按钮，从弹出的下拉列表中选择【进入】➤【盒状】选项。从【开始】下拉列表中选择【之后】选项，从【方向】下拉列表中选择【外】选项，从【速度】下拉列表中选择【慢速】选项。

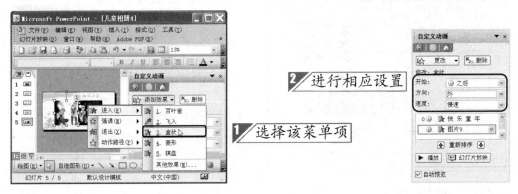

⑰ 选中第 5 幻灯片右侧的图片，单击 ☆ 添加效果 ▼ 按钮，从弹出的下拉列表中选择【进入】➤【盒状】选项。从【开始】下拉列表中选择【之后】选项，从【方向】下拉列表中选择【内】选项，从【速度】下拉列表中选择【慢速】选项。

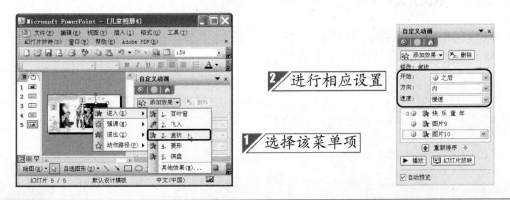

18.6 设置幻灯片切换

除了幻灯片动画之外，用户还需要设置幻灯片的切换方式。

本节原始文件和最终效果所在位置如下。	
原始文件	最终效果
原始文件\18\儿童相册5.ppt	最终效果\18\儿童相册5.ppt

设置幻灯片切换方式的具体步骤如下。

① 打开本节的原始文件，然后选择【幻灯片放映】➤【幻灯片切换】菜单项。

② 随即弹出【幻灯片切换】任务窗格，从【应用于所选幻灯片】列表框中选择【随机】选项，从【速度】下拉列表中选择【中速】选项，撤选【单击鼠标时】复选框，选中【每隔】复选框，然后在其右侧的微调框中输入"00:06"。

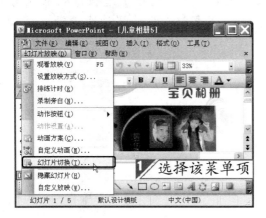

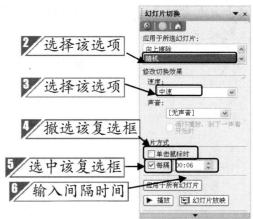

③ 设置完毕单击 应用于所有幻灯片 按钮即可。

 练兵场 制作节日贺卡

按照 18.4 节介绍的方法，制作一个名为"节日贺卡"的演示文稿。操作过程可参见配套光盘\练兵场\制作节日贺卡。

附录 1 老年人学上网实用技巧 200 招

说明：下面仅给出部分实用技巧的目录，其他目录及所有实用技巧的内容请参看光盘。

附录 2　老年人养生保健宝典

说明：下面仅给出部分养生保健宝典的目录，其他目录及所有养生保健宝典的内容请参看光盘。

● 四季养生

001. 老年人的春季养生保健
002. 春回大地时，养生第一季
003. 春季养生饮食六原则
004. 春季养生注意"四不"
005. 春季养生的注意事项
006. 夏季养生调养
007. 夏季谨防中暑
008. 夏季衣食住行四原则
009. 秋季养生，贵在"三坚持"
010. 秋季应注重"排毒"

● 心理保健

001. 了解老年人的特有心理期待
002. 老年人心理保健法
003. 推迟老年人心理衰老的技巧
004. 老年人心理的自我调节
005. 常见的老年人心理疾病
006. 怎样帮助老年人保持心理健康
007. 老年人心理养生四诀
008. 老年人的性格类型
009. 老年人自我化解烦恼六法
010. 心理解压十法

● 养生秘诀

001. 老年人健康需要九个"伴"
002. 老年人养生睡眠 注意十禁忌
003. 可延缓衰老的 6 种娱乐活动
004. 六个"别"保你健康
005. 闭目养神 15 法
006. 拥有"七趣"，强身健体
007. "动、静、节、律"，远离癌症
008. 人到老年有"四怕"
009. 致衰老的 6 种新因素
010. 预防衰老的方法

● 养生食品

001. 科学吃蔬菜，吃出健康来
002. 怎样选购反季节蔬菜
003. 不可随意食用的几种蔬菜
004. 营养专家建议多吃 6 种健康食物
005. 厨房中的保钙技巧
006. 教你熬出美味粥
007. 食用蔬菜的小诀窍
008. 老年人一天吃四顿饭最适宜
009. 饭前先喝汤，胜过良药方
010. 正确吃素吃出健康来

● 养生食谱

胆结石保健食谱

001. 利胆丸
002. 蒲公英粥
003. 茵陈蚬肉汤
004. 酱炒螺蛳
005. 乌梅虎杖蜜

跌打骨折保健食谱

001. 田七乌鸡煲
002. 三七煲藕蛋
003. 归芪鸡汤
004. 鳝鱼强筋健骨汤
005. 牛筋花生汤

防癌抗癌食谱

001. 五彩豆腐
002. 什锦炒木耳
003. 红豆薏米粥
004. 玫瑰花饮
005. 白灼芥蓝

● 养生运动

001. 养生从清晨的一点一滴做起
002. 方便的运动养生法
003. 每日抖三抖，健康又长寿
004. 腿足保健七法

附录3 Office 实用技巧 800 招

说明：下面仅给出部分实用技巧的目录，其他目录及所有实用技巧的内容请参看光盘。

● Word 实用技巧 300 招

001. 如何根据现有文档创建新文档
002. 如何快速浏览长文档
003. 如何显示过宽文档
004. 如何修改 Word 文档的默认保存路径
005. 如何改变所有文档的保存类型
006. 如何同时保存多个文档
007. 如何启用"快速保存"功能
008. 如何启用"自动恢复"功能
009. 如何用另存为命令使文档缩小
010. 如何取消文本录入过程中的自动编号
011. 如何快速找到上一次修改的文档位置
012. 如何清除最近所用过的文件列表
013. 如何比较文档间样式的差异
014. 如何快速打开最近使用过的文档
015. 如何一次性删除文档中的所有空格
016. 如何同时关闭多个文档
017. 如何使用临时文件恢复文档
018. 如何利用拆分窗口的方法快速复制文本
019. 如何区分在 Word 中以不同方式打开文档
020. 如何快速切换 Word 文档

● Excel 实用技巧 300 招

001. 如何快速启动
002. 如何修改单元格中已有的信息
003. 如何删除单元格中的内容
004. 如何使用 Excel 中的快捷键
005. 如何设置单元格的数字格式
006. 如何在编辑栏中输入函数
007. 如何在文本和数值之间进行快速转换
008. 如何通过帮助学习函数应用
009. 如何在单元格中输入身份证号
010. 如何更改单元格的行和列
011. 如何通过函数提取身份证中的出生日期
012. 如何通过函数快速输入性别
013. 如何通过函数检查所输入身份证的位数
014. 如何同时改变多行或多列
015. 如何改变单元格的次序
016. 如何合并单元格
017. 如何设置单元格的拖放功能
018. 如何通过定义名称进行简单输入
019. 如何将定义的单元格名称删除
020. 如何使输入内容自动适应单元格大小

● PowerPoint 实用技巧 200 招

001. 如何创建一个空演示文稿
002. 什么是版式
003. 如何设置幻灯片版式
004. 什么是模板
005. 如何使用模板
006. 如何同时打开多个演示文稿
007. 如何恢复到原始默认模板
008. 如何为演示文稿设置不同的模板
009. 如何快速套用演示文稿模板
010. 如何使用内容提示向导创建演示文稿
011. 如何导入大纲创建演示文稿
012. 如何创建摘要幻灯片
013. 如何建立自己的 PowerPoint 模板
014. 如何向"应用设计模板"列表中添加新模板
015. 如何下载 Office Online 中的模板
016. 如何创建自定义模板
017. 如何更改新演示文稿的默认设计
018. 如何在 PowerPoint 中插入一个幻灯片模板
019. 如何设置默认视图
020. 如何创建幻灯片副本

附录 4　Windows XP 实用技巧 500 招

说明：下面仅给出部分实用技巧的目录，其他目录及所有实用技巧的内容请参看光盘。